青少科普百科

DK数学运转的秘密

英国DK公司/著　[英]大卫·麦考利/绘　陈彦坤/译

青少科普百科

DK数学运转的秘密

電子工業出版社
Publishing House of Electronics Industry
北京·BEIJING

版权贸易合同登记号 图字：01-2023-1981

图书在版编目（CIP）数据

DK数学运转的秘密 / 英国DK公司著；（英）大卫·麦考利（David Macaulay）绘；陈彦坤译. --北京：电子工业出版社，2023.7
ISBN 978-7-121-45478-3

Ⅰ.①D… Ⅱ.①英… ②大… ③陈… Ⅲ.①数学－少儿读物 Ⅳ.①O1-49

中国国家版本馆CIP数据核字（2023）第078928号

感谢北京市海淀区培英小学数学教师李昉、江西省吉水中学高中数学教师孙志跃对本书内容的审校做出贡献。

责任编辑：苏 琪
印 刷：惠州市金宣发智能包装科技有限公司
装 订：惠州市金宣发智能包装科技有限公司
出版发行：电子工业出版社
北京市海淀区万寿路 173 信箱 邮编：100036
开 本：889×1194 1/16 印张：10 字数：211.25 千字
版 次：2023 年 7 月第 1 版
印 次：2023 年 11 月第 4 次印刷
定 价：138.00 元

凡所购买电子工业出版社图书有缺损问题，请向购买书店调换。若书店售缺，请与本社发行部联系，联系及邮购电话：（010）88254888，88258888。

质量投诉请发邮件至 zlts@phei.com.cn，盗版侵权举报请发邮件至 dbqq@phei.com.cn。

本书咨询联系方式：（010）88254161 转 1814，suq@phei.com.cn。

www.dk.com

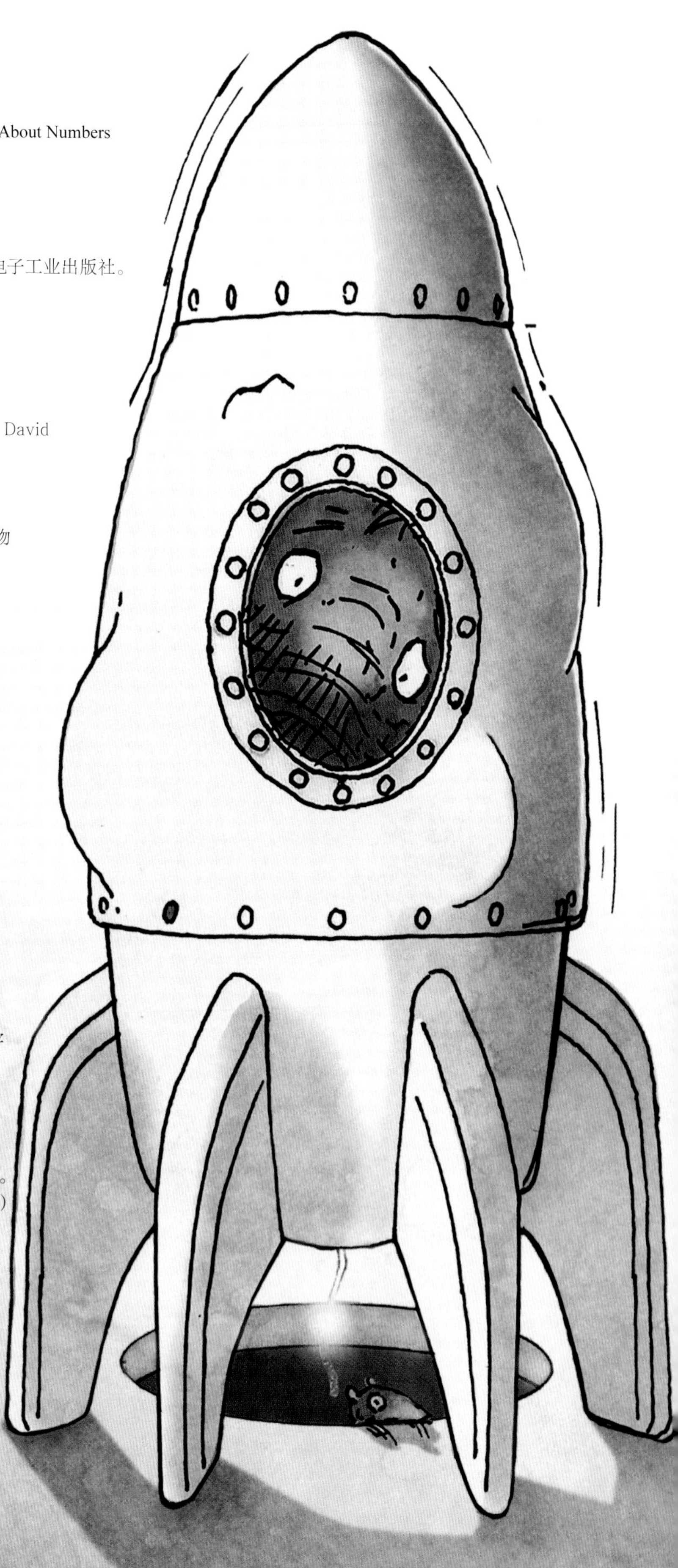

目录

1
2
3
4
5
6
7
8
9
0

数一数

继续往下数

数数的能力非常重要。如果你不会数数，很多简单的事情都有可能无法完成——从报时到足球比赛记分。在文字或计数系统出现之前（请参见第12~13页），人们只能在心中默默计数（或者利用身边任何可用的物品来帮助自己）。不过，面对最喜欢的水果，猛犸和象鼩遇到了困难：虽然用上了所有可借助的身体部位，但它们仍然没有办法数清楚水果的数量！

以10为基数的计数系统

现在通用的十进制计数系统以10为基数计算物品数量，原因可能是我们大多数人都有10根手指和10根脚趾，所以数10个数非常方便。

使用手指和脚趾

要计数10件以内的物品，使用手指（或猛犸的脚趾）十分方便。每数一个苹果，象鼩就点一根猛犸的脚趾。以这种方式，象鼩总共数了8个苹果。

借助猛犸计数

如果没有表示数字的文字或符号，你可以借助身体来计数。在计数的同时触摸手指或其他身体部位能够提供帮助；你也可以举起手指，告知他人你拥有的物品数量。

10以上的计数

如果需要计数超过10件的物品，你可以借助更多其他身体部位。猛犸试图用这种方法计数很多苹果，结果遇到了麻烦。或许，分组算数（请参见第10～11页）是一个更有效的方法？

不用计数的计数法

有时，我们不用数就能够确定物品的数量。面对一堆少量物品，我们只要通过观察就可以确定数量。这种大多数人都具有的奇特技能称为感数。我们很多人都可以轻松完成多达5个物品的感数。如果物品数量较多，就可以分组物品，然后运用感数方法，最终确定总体数量。试一试，不要一个个去数，你能判断图中有多少块馅饼吗？

算数计数法

利用手指、脚趾或其他身体部位是一种计数方法，但这种方法需要足够出色的记忆力，以保证准确记忆数目和对应的部位。相比单纯的记忆，保持书面记录的方法通常更有效。算数方法要求事物与短竖线或划痕（标记）一一对应，例如每次升起的太阳或猛犸群里的每头猛犸。

算数咯！

匆忙计数猛犸的时候，最简单的方法莫过于用一条短竖线表示一头猛犸。但是，随着这些标记数量的快速增加，很快就会变得同样难以计数：尝试一下，你需要多长时间才能数完100个标记！想要更快、更有效地数出100个标记，你可以将标记分组，然后计算总数。

让算数变得简单

直到现在，算数标记仍然十分常用，在计算快速移动的事物时尤其有用，例如统计交通流量。将标记分组可以帮助简化计数标记的过程，从而更快速、更简单地计算总数。世界各国也发展出了不同的算数计数方法，下列示例都是采用了5个标记的分组。第1个标记类似多了一横的“丰”字，第2个标记是汉字“正”，第3个标记是添加了一条对角线的正方形。

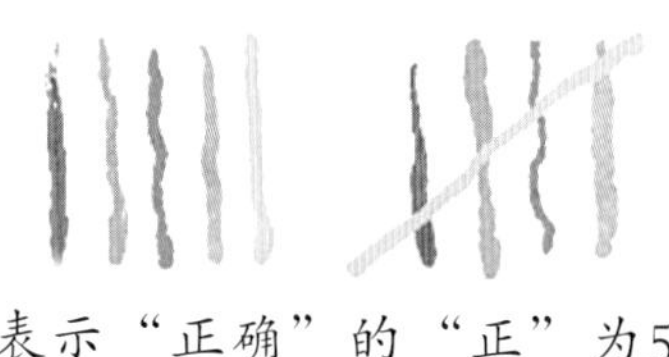

表示“正确”的“正”为5画，经常被用作计数符号

做好标记

每条竖线代表一头猛犸，象鼩用竖线计数经过的每头猛犸。

多一横的"丰"

为了便于记录，每个分组通常都包括5个标记，多一横的"丰"是4条横线加一条贯穿的斜线。

临时分组

如果要计数的物品很多，你最终需要记录很多标记！要计算大量物品的总数，你还需要数分组的数量。万一分组记录被毁，那么一切都将回归原点。

数字符号

数千年前，人类写下了第一个数字。我们的祖先并没有为计数的每件物品刻画标记，而是指定了每个数字的符号。随后，人们发明了一些规则，规定了这些符号的组合方式，让有限的符号获得了无限组合的可能性，以代表任意可以想象的数字。

计数系统

象鼩正在研究不同计数系统使用的数字1～10。人类历史上诞生过许多文明，以及不同的计数系统。每个系统都有自己的规则，用于组合符号和表示想要的数字。我们现在通用的计数系统源自1000多年前古印度的发明。

古希腊

该系统使用循环的字母表示数字。

古罗马

该系统也使用以不同方式组合的字母表示数字。

中国

中国使用特殊的汉字分别代表从1到10的每个数字以及所有10的倍数，而且这些数字现在仍在使用。

阿拉伯数字

全球现行通用计数系统也称阿拉伯数字，与此前系统的最大区别在于添加了符号零（0）。请参见第16～17页，了解零的重要性！

永远数不完的数字

阿拉伯数字系统包括数字1～9和符号0，每个数字表示一个指定的数量。而且，这些数字可以组合使用，从而创造无限多的其他数字（请参见第14～15页）。

位值

数字由称为数字的符号组成。现行计数系统使用的数字是0～9。但是，这些数字代表的值可以发生变化。例如，在数20和数200中，“2”代表了不同的值。一个数字的值取决于其在特定数中的位置。数字与位置相关的值称为位值。

以10为基数的计数系统

苹果包装厂的所有系统正在运转不休。猛犸和象鼩正忙着把苹果分成每10个一组。每次在长条盒中装满10个苹果后，将盒子向左移动1个位置。当前通用的计数系统与之类似，称为十进制系统。到目前为止，它们已经包装了1453个苹果。

百位

每个托盘可以摆放10盒苹果，每盒可装10个苹果，意味着每个托盘装100个苹果。

千位

一个货板可以堆放10个托盘，每个托盘摆放100个苹果，也就是说货板一次运输1 000个苹果。

千位为1

当“百位”的托盘数量达到10，百位将前进一位（向左移动），进入“千位”。包装工厂有一个装载完成的货板，意味着共有1 000个苹果。

百位为4

当托盘装满“十位”的分组后，托盘的苹果数量达到“百位”。工厂有4个装满的托盘，意味着共有400个苹果。

保留那个位置！

要发挥作用，位值制需要一种能够表示空位置的方法，而这就是零的特殊职责（请参见第16～17页）。以下文的数字为例，如果百位没有数字，也没有用零来保留位置，我们就得到一个完全不同的数字——176。

千位	百位	十位	个位
1	0	7	6

十位为5

另一头猛犸正在将装满苹果的长条盒整齐地摆放到托盘里。到目前为止，托盘里有5个装满的盒子，也就是说托盘里有5个装满苹果的长条盒——总共50个苹果。

个位为3

猛犸同时在向长条盒中放入单个的苹果。盒中有3个苹果，所以象鼩在标志牌上记录了数字“3”。

零

现在我们都知道，“零”表示“无”。其实，零不仅仅表示什么都没有，它更是一个数学英雄，发挥着非常重要的作用。数千年以来，人们一直在实施没有零的数学运算。零本身甚至被排除在数字之外。不过，当代人很难想象没有零的生活，因为那样整个计数系统可能变得一团糟！

不辞辛劳的数字

如果没有0，现代数学可能不复存在，因为0是支撑当代计数系统和位值的关键之一；如果没有0，甚至连我们的日常生活也会变得不同，因为0是表述时间、测温和记录体育赛事比分等活动的必要元素之一。图中，猛犸展示了数字0的其他常见的重要用途。

空无一物

“0”通常意味着“没有”或“空”，计数时不会数到0，因为我们无法数没有的物品。以上面的两幅图片为例，我们一般不会说“下方图片中的猛犸数量为0”，但与第一幅图片参照的情况例外。

0参与的计算

0是数轴上唯一既非正数也非负数、既非奇数也非偶数的数字。因为0与其他数字存在显著差异，所以经常引发数学家的困惑。例如，0可以用于加法、减法和乘法，但不能作为除数使用。

$$8+0=8$$

$$8-0=8$$

$$8\times 0=0$$

$$8\div 0=????$$

0不能作为除数，因为0作除数没有任何意义

数字语言

“0”是计算机的交流语言。我们利用二进制代码系统向计算机下达命令：该系统可以将人类语言写成的指令翻译为计算机能够理解的1和0序列。

记录比分

如果没有“0”，我们可能无法记录足球赛的比分。符号“0”告诉我们，蓝队还没有进球。

实数

“0”划分负数和正数，在数轴上拥有自己的位置。在建筑物中，电梯面板上的“0”也可以表示底层（1层），而正数代表地面以上的楼层，负数表示地面以下的楼层。

用于测量

进行测量时，“0”通常代表一个具有自身价值的定量。例如，温度计上的刻度0并不表示没有温度或者温度为空——0摄氏度代表的是一个特定数值。

显示位值

“0”是计数系统至关重要的一个元素。对于特定的一个数来说，每个位置的数字都有特定位值（请参见第14～15页）。如果某个位置没有任何数字占据，那么该位置就要用0来“保留”位置。

负数

大于零的数字都称为正数。那么有没有小于零的数字呢？答案是肯定的。从零开始向左数的数称为负数，负数是小于零的数字。所有负数前面都有一个负号（-）。

每层对应一个门户

象鼩们集体建造了一栋多层住宅，每层都有一间房屋（洞穴）。底层（标“0”的那层）以上的洞穴使用正数编号，底层以下的洞穴则用负数编号，编号标注在门垫上。

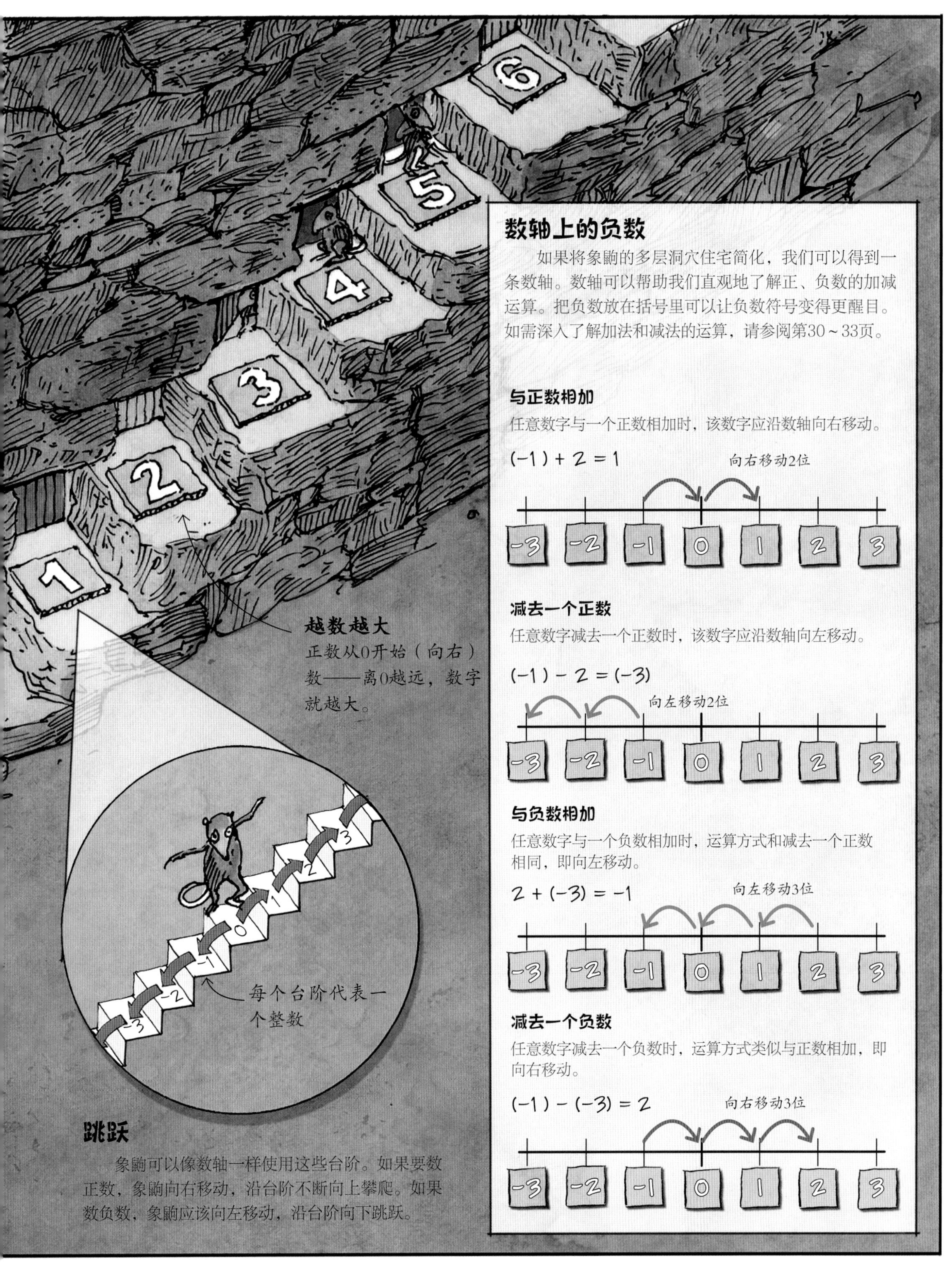

越数越大

正数从0开始（向右）数——离0越远，数字就越大。

跳跃

象鼩可以像数轴一样使用这些台阶。如果要数正数，象鼩向右移动，沿台阶不断向上攀爬。如果数负数，象鼩应该向左移动，沿台阶向下跳跃。

数轴上的负数

如果将象鼩的多层洞穴住宅简化，我们可以得到一条数轴。数轴可以帮助我们直观地了解正、负数的加减运算。把负数放在括号里可以让负数符号变得更醒目。如需深入了解加法和减法的运算，请参阅第30～33页。

与正数相加

任意数字与一个正数相加时，该数字应沿数轴向右移动。

$(-1)+2=1$

向右移动2位

-3 -2 -1 0 1 2 3

减去一个正数

任意数字减去一个正数时，该数字应沿数轴向左移动。

$(-1)-2=(-3)$

向左移动2位

-3 -2 -1 0 1 2 3

与负数相加

任意数字与一个负数相加时，运算方式和减去一个正数相同，即向左移动。

$2+(-3)=-1$

向左移动3位

-3 -2 -1 0 1 2 3

减去一个负数

任意数字减去一个负数时，运算方式类似与正数相加，即向右移动。

$(-1)-(-3)=2$

向右移动3位

-3 -2 -1 0 1 2 3

无限

最大的数字可能是哪个？试着找出你知道的最大的数字，然后用这个数加1，再加1……每加一个1，你就可以得到一个更大的数字。事实上，没有人能够找到最大的数字，因为数字的大（或小）没有限制。数学中的数字是无限的。

出乎意料的大

象鼩正在将写着数字的卡片铺在地上，试着构建一个永远不会结束的数字。这个数字越来越大，位数越来越多，甚至已经无法看到它的起点！

不可能的任务

在猛犸的帮助下，这些坚定的象鼩正试图创造全世界最长的数字。然而，即使它们能够坚持不懈，最后也不可能成功，因为数字是无限的。“无限”的意思其实并非“无限大”，而是“永远不会结束”！

无限符号

无限符号看起来类似一个躺倒的8：完美体现了数字的无限特性，因为这个符号看起来既没有开始，也没有结束。

涉及无限的计算可能无法提供给你期望的结果。无限减1得到的还是无限！因为无限并不是一个实际的数字，而是一个概念。

$$\infty - 1 = \infty$$

∞的50%仍是∞

直到无限……以及更多无限！
不仅数字是无限的，时间和空间可能同样如此。一个永远向前和向后延伸的无限时间称为永恒。一些科学家认为囊括所有存在——包括所有曾经、当前和未来的星系、恒星和行星——的宇宙是无限的，而另一些科学家则认为宇宙存在边缘，因此是有限的。不过，真相到底是什么？宇宙是否真的存在边缘？我们可能永远无法确定。
无尽的供应
象鼩们需要无限的卡片以及无限的能量供应！
坚持不懈
象鼩仍在继续摆放数字卡片，但它们总能添加新的卡片。
0
4
4
9
1
2
5
3
4
7
8
8

数字知识

给数字排序

想要正确排列数字的顺序，我们必须首先对数字进行大小比较。比较两个数字，可以知道第一个与第二个数字的关系：大于、小于或者等于。猛犸们正在举行一场激烈的才艺表演赛，象鼩评委必须仔细比较票数，选出优胜者——冠军。

投票结果出来了！

电话投票已经统计完毕，结果出来了！通过比较这些数字，象鼩可以按照从大到小的顺序排列记分牌——得票最多的表演者将成为冠军。

你得排在后面
11 256小于27 002（或者用符号表示：11 256 < 27 002）。

名副其实的冠军？
象鼩的票数超过了第二名：27 002 > 22 405。

旋转飞绳的猛犸

这个杂技表演似乎并没有吸引观众的注意。

强大的象鼩

这个小而强壮的竞争者让人印象深刻，并且一举夺冠！

符号

借助符号，我们可以简单明了地表明两个数字的大小关系：符号的宽端总是指向较大的数字，两条平行的短横线表示两侧的数字相等。

小于

这个符号表示“小于”。10 < 12读作“10小于12”。

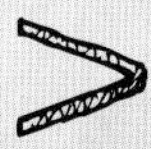

大于

这个符号表示“大于”。12 > 10读作“12大于10”。

等于

这个符号分隔的数字具有相同的值。

最高有效位数字

第二有效位数字

27 002

22 405

22 405

11 256

参赛者评选

要排列这些数字的顺序，我们需要比较它们的最高有效位数字——具有最高位值的数字。如果最高有效位的数字相同，则继续从左到右比较其他位的数字。

22 405

转盘子的猛犸

有些象鼩喜欢这项表演，但投票数量不足以让表演者赢得胜利。

并列第二名

魔术师和转盘子的杂技表演者得到的票数完全相同，因此我们称这两个数字相等。

22 405

猛犸魔术师

魔术师的很多魔术表演都没有成功，令人遗憾。

估算

数学通常以寻求准确的答案为目标，但有时合理的估算或猜测也十分有用，涉及需要长时间计算的巨大数字或海量物品时尤其如此。估算也能够帮助检查计算结果，确保得到的答案与粗略的猜测结果相近。

激动的群体

太多兴奋难捺蹦来跳去的象鼩了，这让计数变得十分困难。

数方格

在网格中选一个方格，然后数一数其中的象鼩数量。

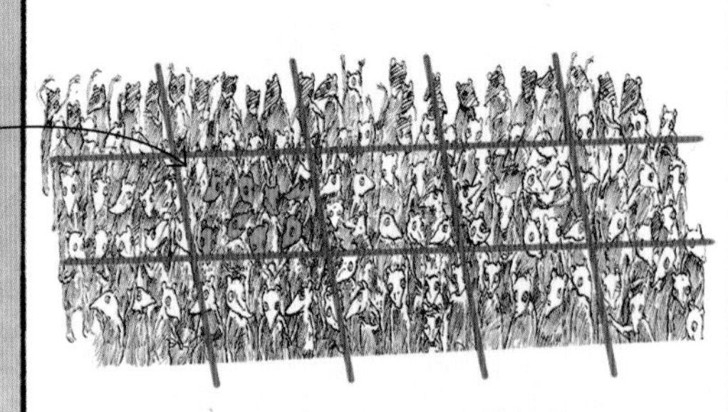

象鼩军团

要数清楚一群不断蹦来跳去的象鼩十分困难。幸运的是，我们可以借助一些方法快速合理地进行估算。象鼩的实际数量是110只，接下来我们试试两种不同估算方法的实际效果。

使用网格

利用想象的网格，我们可以试着将这群象鼩（尽可能）平均分组。突出显示的方格中有8只象鼩。用8乘以15（方格数），可以得到一个估算结果——120只象鼩。

使用行列

另一种方法是先数出一行的象鼩数目，然后再乘以行数。这群象鼩排成了并不平均的5行，最前面一行有20只。所以，利用这种方法估算的象鼩数量为100只。

精明的购物

在购物时，估算是一个快速有效的方法，能够帮助你确定购物花销是否在预算范围内。以下面三种物品为例，我们可以说爆米花的花费约为12元，饮料约为5元，冰淇淋约为9元，以便更快捷地计算总支出。因此，此次小吃节的总花费估算为26元，而实际花费是25.75元，相差无几。所以，估算很多时候相当有用。

四舍五入

四舍五入是一种凑整方法，即将一个数转换成一个接近的相对完整且通常更容易计算的数。四舍五入后的数可以更方便、更快速地用于加减或乘法默算，非常适合粗略估算（请参见第26~27页）。

舍还是入？

如何确定向上还是向下凑整，即舍还是入？我们可以借助过山车形象地记忆四舍五入的规则！小于5的数字向下凑整（四舍，4和4以下的数字直接舍去），5和5以上的数字向上凑整（五入，5和5以上的数字向前进位）。

舍法凑整

如果某个数字的最后一位是4或更小的数字（3、2、1、0），则凑整时直接舍弃这些数字。例如，73可以直接凑整为70，而不是80，相当于乘坐过山车的象鼩遇到了上坡，但因为动力不足只能退回去。

向上还是向下？

这头糊涂的猛犸想把65通过四舍五入方法凑整到十位。它应该向前进位凑整为70，还是直接舍弃凑整为60呢？根据规则，5应该向上凑整，所以65四舍五入后应为70。

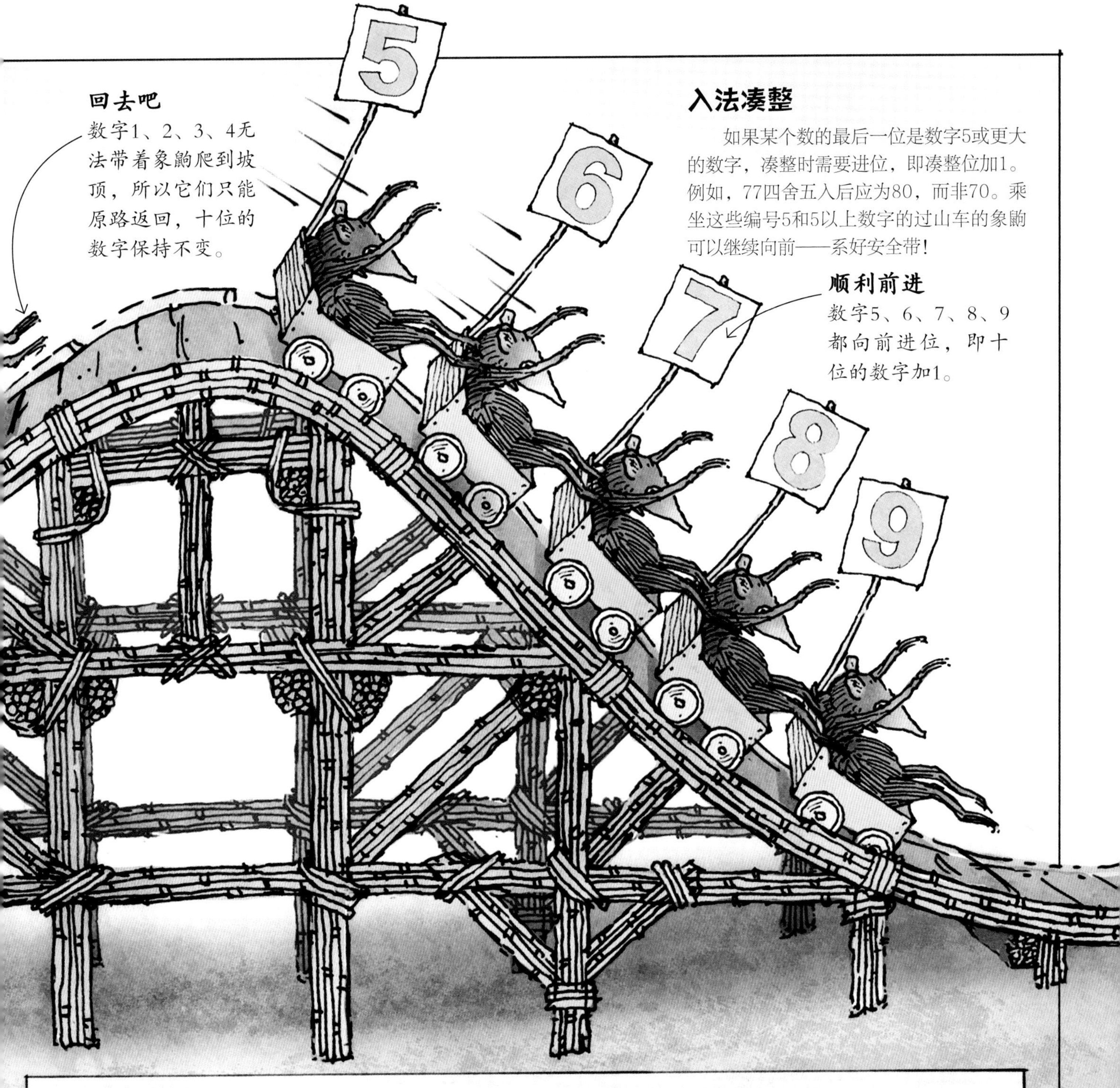

回去吧

数字1、2、3、4无法带着象鼩爬到坡顶，所以它们只能原路返回，十位的数字保持不变。

入法凑整

如果某个数的最后一位是数字5或更大的数字，凑整时需要进位，即凑整位加1。例如，77四舍五入后应为80，而非70。乘坐这些编号5和5以上数字的过山车的象鼩可以继续向前——系好安全带！

顺利前进

数字5、6、7、8、9都向前进位，即十位的数字加1。

百位数凑整

如果需要凑整到百位，我们可以应用同样的四舍五入规则。通过四舍五入方法凑整到十位时，我们需要考虑个位的数字。通过四舍五入凑整到百位时，我们要考虑的是十位数字。甚至，四舍五入凑整规则也可以用于分数和小数。

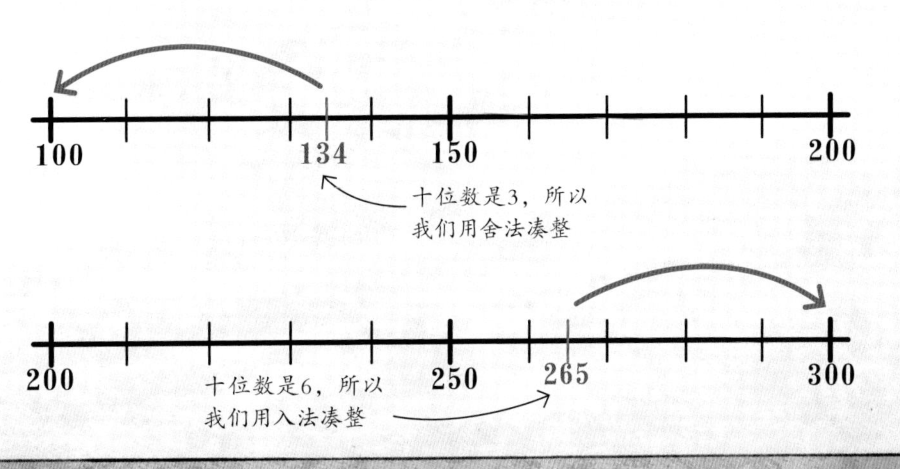

加法

把两个或更多数合并组成一个更大数的计算方法，称为加法。正如猛犸在游乐场的发现，无论加数是大数还是很小的简单数，我们都可以借助两种方法来进行加法运算。

游乐场乐趣

一起来，一起来，镇上的游乐场等你来！象鼩正在加紧完成打椰子摊位的最后装饰——把椰子放到立架顶部。在其他摊位，两头猛犸赢得了一些五颜六色的气球。不过，这些气球总共有多少只？

数一数

“数一数”是计算加法的一种方式。以某个数（第一个加数）为基础，然后数出需要移动（增加）的位置数（加数）。为了填满空的椰子立架，象鼩需要在已有6个椰子的基础上，再添加3个。这种方法就是所谓的“数一数”方法。

选择较大的数字
相比较小的数字，从最大的数字开始（作为数一数的基础），计算速度相对更快。

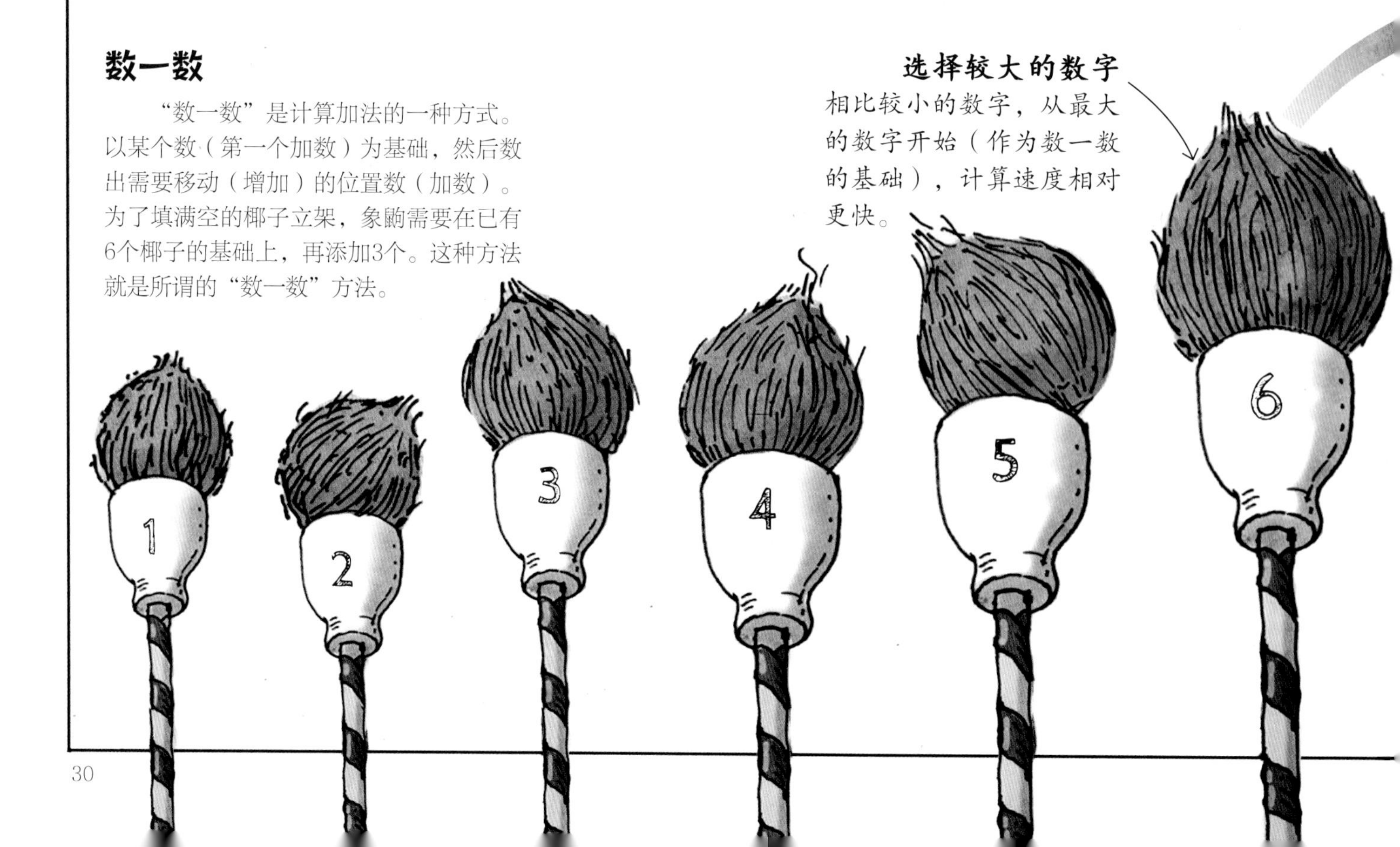

数出所有数

另一种计算加法的方法是把要加起来的所有数放在一起，然后全都数一遍。例如，把紫色和黄色的氦气球都聚在一起，让猛犸数一数。

加法的书面表述

通常，我们可以通过心算完成大部分简单的数字加法运算：简单地看着加数，然后在脑中计算并得出答案。不过，有时候我们可能需要借助书面方法来找出总数。我们用符号“+”（称为“加号”）书写加法的数学语句，以表示数字的加法运算。加法运算不受顺序的影响——换句话说，即使调整加号前后数字的位置，总数仍然保持不变。例如，3+6和6+3都等于9。

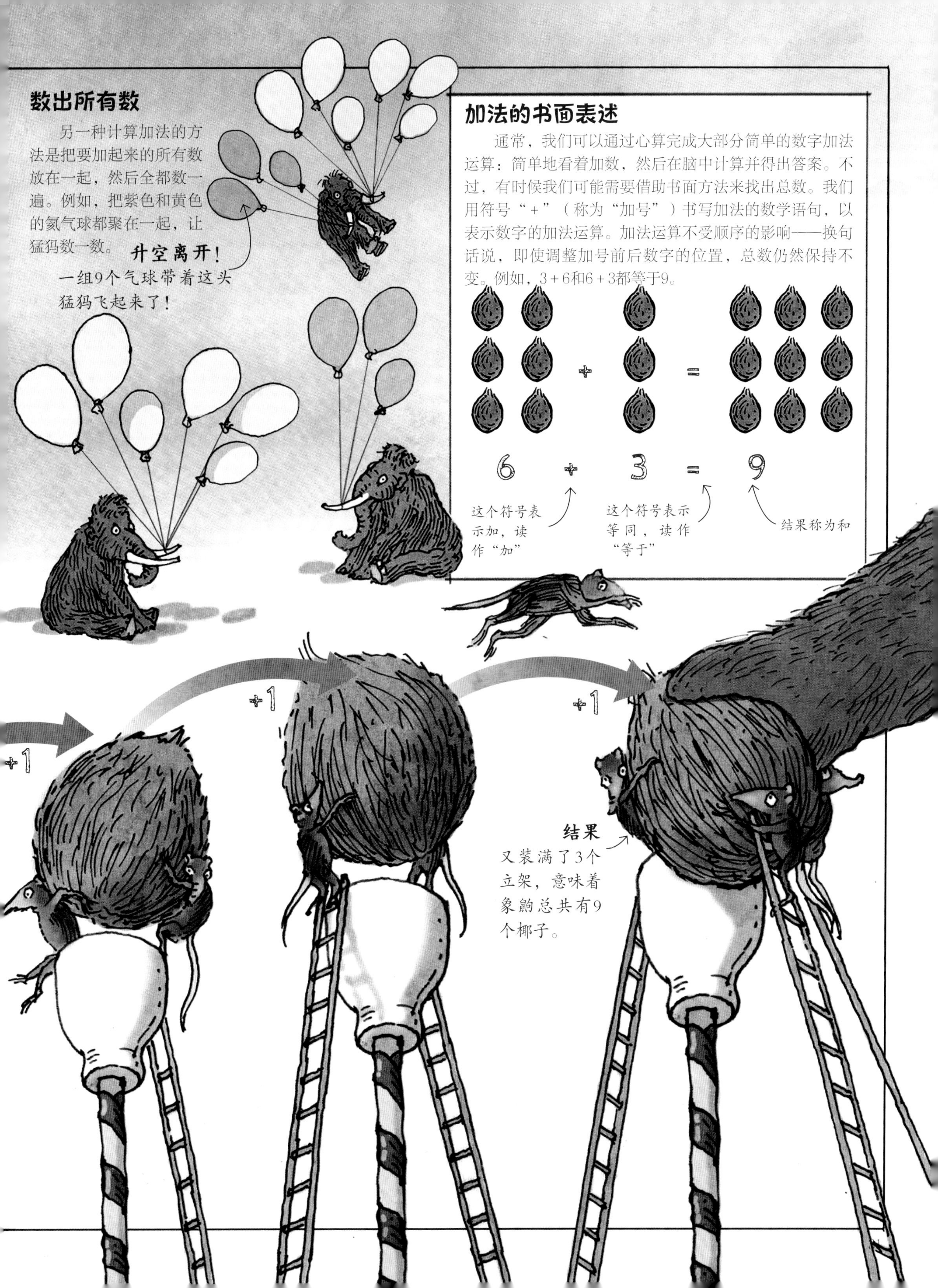

1
2
3
4
5
6
数字排排队
所有数字排成一排时，倒着数会变得更容易。
找出差异
猛犸最初得到了9块石头，现在已经扔出去了3块，盒子里还剩下6块石头。所以，9和3之间的差值是6。

减法

用一个数字减去另一个数字以找出两者之间差异的计算称为减法。减法是与加法相逆或者说相反的过程。减法可以看作一个倒着数数的过程，或者确定两个数字之间差异的运算。

减法的书面表述

我们用符号“－”（减号）书写减法的数学语句。减号代表减去，可以表示从一个数字中“拿走”另一个数字的情景。与加法不同的是，减号两侧数字的顺序非常重要，改变数字顺序通常意味着结果将发生重大改变：9－2可不等于2－9！

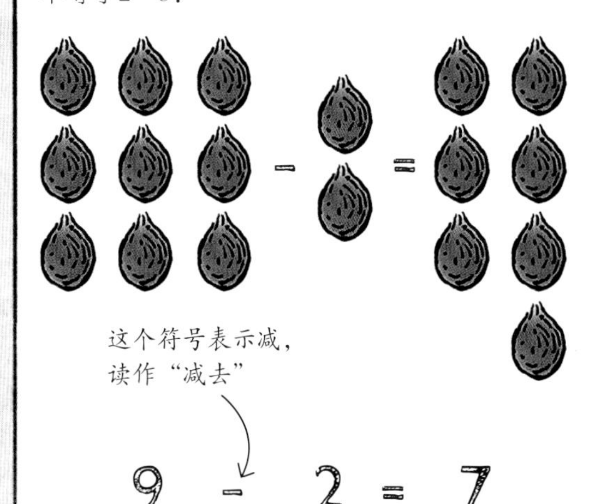

从右到左

为了计算减法，象鼩沿数轴从右向左倒着数。

倒着数

象鼩从9开始倒数了2个数，以找出答案。

拿走

小心掉下来的椰子！这头猛犸正在象鼩的摊位前尝试自己击打椰子的运气。它已经将9个椰子中的2个打下了立架。为了算出还剩下多少个椰子，象鼩从原来的数字开始，倒着数了2位。猛犸还能击中更多椰子吗？

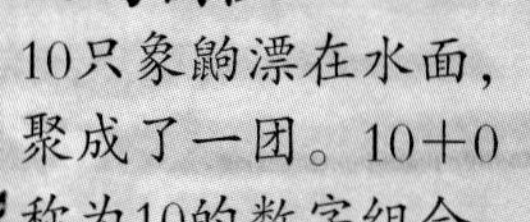

10的团队
10只象鼩漂在水面，聚成了一团。10+0称为10的数字组合。0+10也是10的数字组合。

漂走了一只
一只象鼩漂走了，还剩下9只象鼩。于是，我们又得到了两组10的数字组合：9+1和1+9。

数字组合

可以相加然后组成一个更大数字的一对数字称为数字组合。这些简单的计算也称为加法对或加法事实。我们可以试着记住任何数字的数字组合，但毫无疑问的是，记住10的数字组合非常有用。例如，根据10的数字组合，我们可以轻松算出10或100的倍数的数字组合。在小学的数学教学中，有些老师会使用“好朋友数”或“找朋友”等更形象的说法。

泳池数字组合

在某个炎热的夏日，10只象鼩来到游泳池，寻找和享受充气游泳圈的乐趣。所有象鼩漂在水面，聚成了一团。不过，其中一只象鼩漂离了队伍。于是，象鼩们形成了一对加数，或者说10的数字组合。然后，这群象鼩决定尝试尽可能多的组合，以找出所有的10的数字组合。

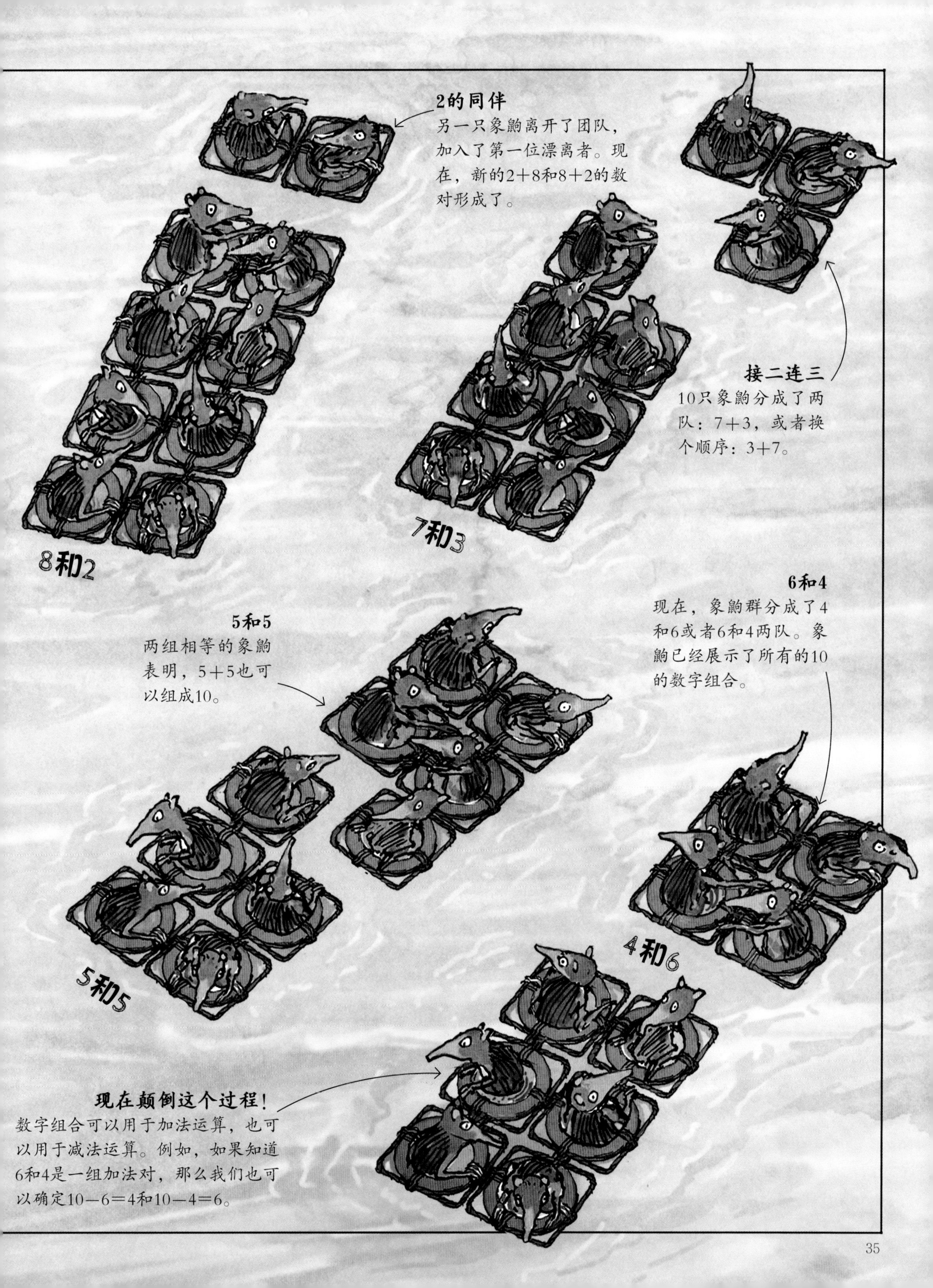
2的同伴
另一只象鼩离开了团队，加入了第一位漂离者。现在，新的2+8和8+2的数对形成了。
8和2
7和3
接二连三
10只象鼩分成了两队：7+3，或者换个顺序：3+7。
6和4
现在，象鼩群分成了4和6或者6和4两队。象鼩已经展示了所有的10的数字组合。
5和5
两组相等的象鼩表明，5+5也可以组成10。
5和5
4和6
现在颠倒这个过程！
数字组合可以用于加法运算，也可以用于减法运算。例如，如果知道6和4是一组加法对，那么我们也可以确定10－6＝4和10－4＝6。

乘法

乘法实际是一种便捷的加法运算方法，只是要求加数必须为相同的数字。例如，数学表述“5×3”代表的含义与“5+5+5”或“三组5”完全相同。叉形符号（×）表示“倍”或“乘”，读作“乘”。

猛犸的乘法演示

15头猛犸组建了一个花样游泳团队。在常规动作表演中，团队不断分拆为更小的组——先是5头一组，然后是3头一组。猛犸的表演完美展示了乘法规则：乘号两侧数字的顺序并不重要，因为答案没有变化。

三组5

这个队列（数学术语为“阵列”）包括3行，每行有5头猛犸。数字3和5组成了一对数字，5 × 3 = 15。5和3相乘时，无论哪个数字在前，结果总是15。

乘积
乘法的结果称为积。

5 × 3 = 15

5头一行
每行有5头猛犸。

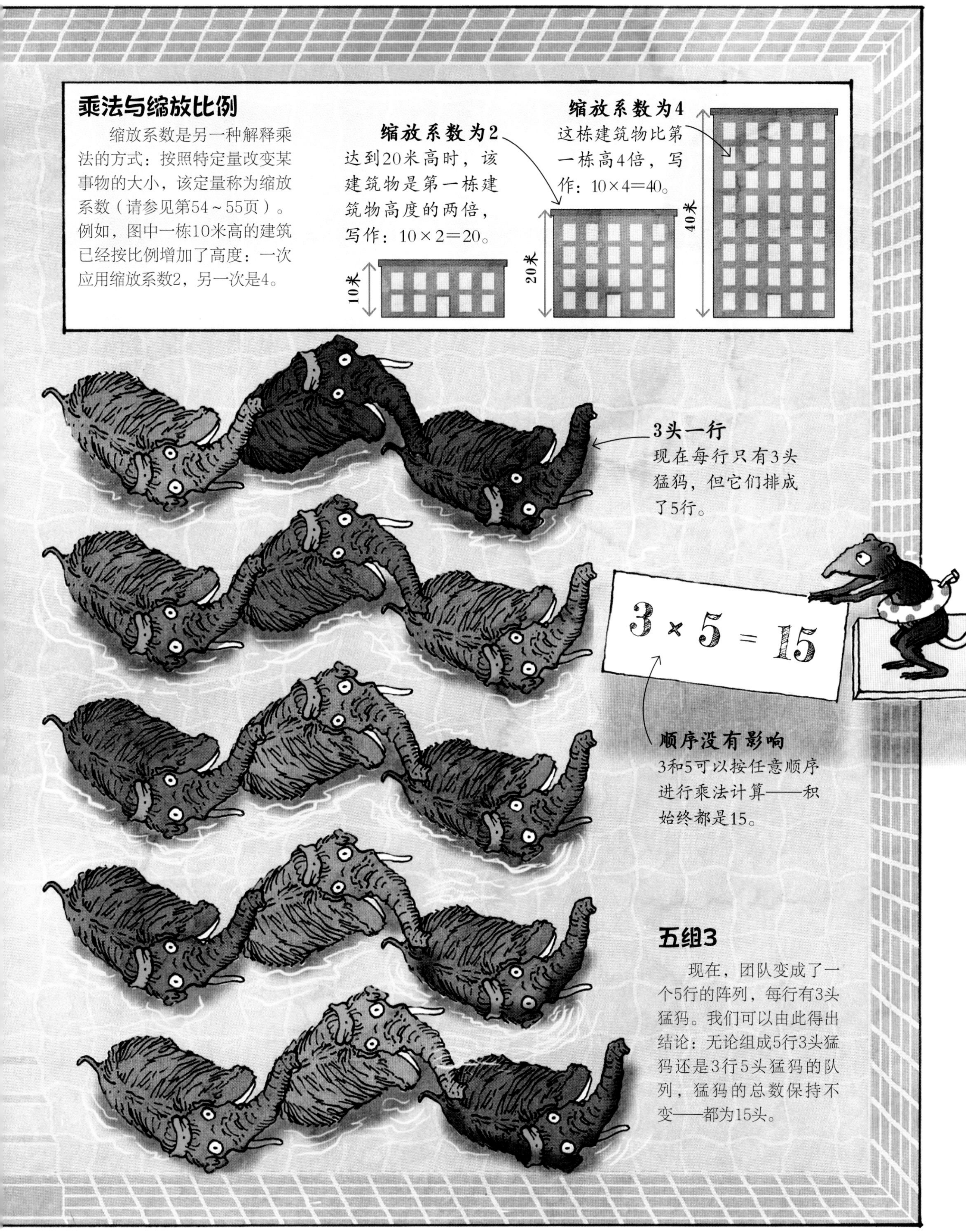

乘法与缩放比例

缩放系数是另一种解释乘法的方式：按照特定量改变某事物的大小，该定量称为缩放系数（请参见第54～55页）。例如，图中一栋10米高的建筑已经按比例增加了高度：一次应用缩放系数2，另一次是4。

缩放系数为2

达到20米高时，该建筑物是第一栋建筑物高度的两倍，写作：10×2=20。

缩放系数为4

这栋建筑物比第一栋高4倍，写作：10×4=40。

3头一行

现在每行只有3头猛犸，但它们排成了5行。

顺序没有影响

3和5可以按任意顺序进行乘法计算——积始终都是15。

五组3

现在，团队变成了一个5行的阵列，每行有3头猛犸。我们可以由此得出结论：无论组成5行3头猛犸还是3行5头猛犸的队列，猛犸的总数保持不变——都为15头。

除法是一个数学术语，用于描述将一个数字或数量等分为更小数或量的运算。除法也是一种运算方法，用于确定某个数字包含多少个另一个数字。除法是与乘法相逆或者相反的过程。

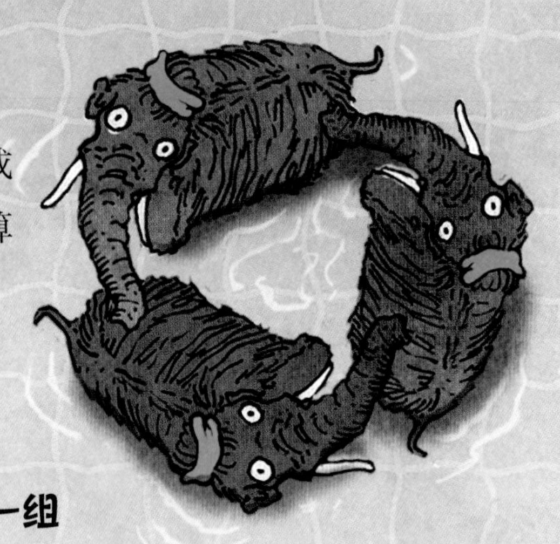

3头猛犸为一组

如果3头猛犸为一组，花样游泳队的15头猛犸可以分成5组；如果以5头猛犸为一组，游泳队可以分为3组。数字5和3组成一对：如果用15除以其中一个数字，结果就是另一个数字。

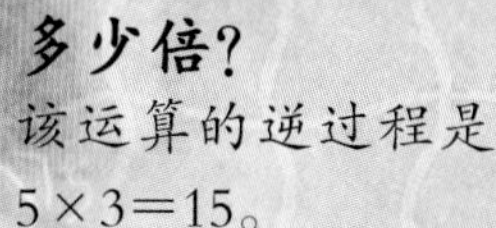

多少倍？
该运算的逆过程是$5\times3=15$。

3为单位的分组
15名队员正好分成5组，每组3头猛犸，没有多余的猛犸。

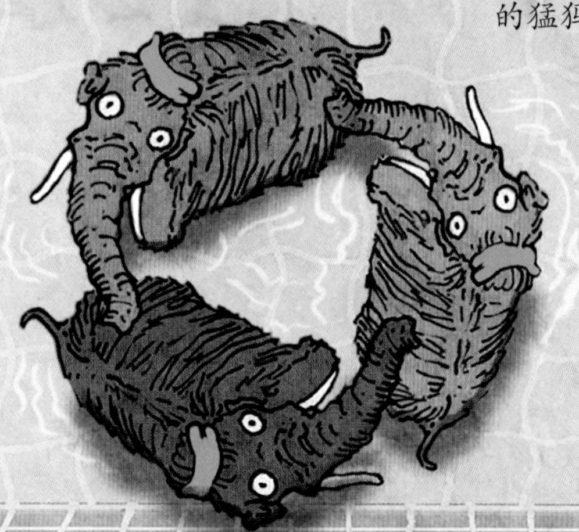

精确等分

15头猛犸组成的团队参加了一场花样游泳比赛，并且进入了决赛。第一套动作中，它们分成了以每3头猛犸为一组的队列——漂亮！接下来，它们尝试组成以每7头猛犸为一组的队列。不过，事实证明这个尝试并不合适。

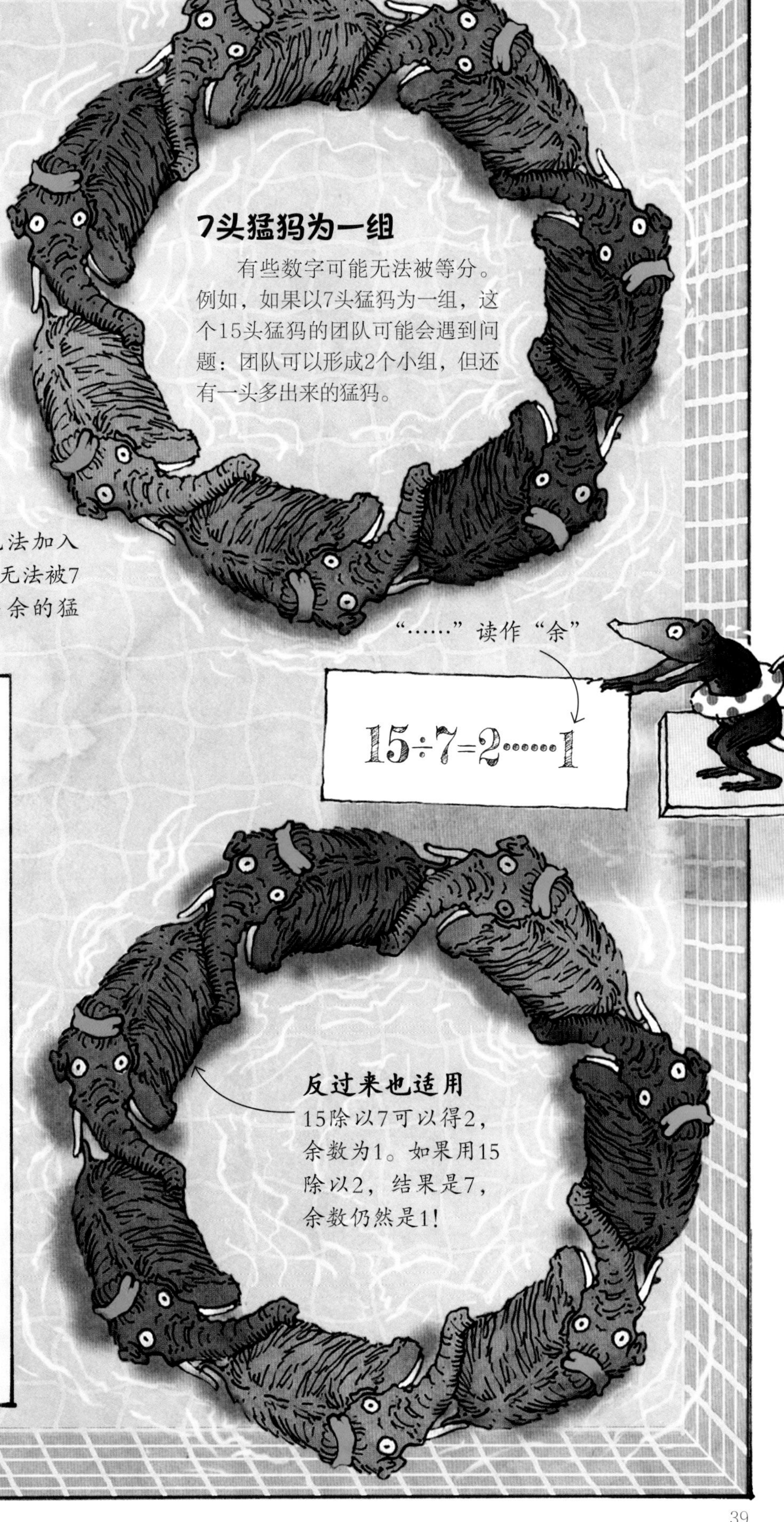

7头猛犸为一组

有些数字可能无法被等分。例如，如果以7头猛犸为一组，这个15头猛犸的团队可能会遇到问题：团队可以形成2个小组，但还有一头多出来的猛犸。

余数为1

有一头猛犸无法加入队列，因为15无法被7整除，这头多余的猛犸称为余数。

"……"读作"余"

15÷7=2……1

反过来也适用

15除以7可以得2，余数为1。如果用15除以2，结果是7，余数仍然是1！

除法的书面表述

除法的数学语句使用"÷"（除法符号），读作"除以"，而且语句中的每个数字都有独特的称呼。

除数 表示要等分的份数

商 每份包含的数量

12 ÷ 4 = 3

被除数 要等分的数字

分数中，两个数字之间的线称为分界线，表示分界线上方的数字除以下方的数字。

$$\frac{1}{2}$$

分界线

分数$\frac{1}{2}$代表的含义与1÷2相同。

因子

等分一个数字表示将这个数字分解为因子（或者称为因数）。因子表示能够恰好等分一个较大数字且不留余数的数字。所有数字都至少有两个因子，因为一个数字至少可以被1和它本身整除。因子总是成对出现，一个精力充沛的猛犸团队证明了这一点。

有趣的因子

12头不知疲倦的猛犸组成了一个团队，正在参加不同的活动。团队必须分成不同的小组，以参加各种娱乐休闲活动。通过分成相同数量的小组，猛犸团队找出了12的所有因子：1、2、3、4、6和12。

1. 一个整体

12头猛犸需要紧紧站在一起，作为一个整体共同抬起这辆沉重的公交车。12头猛犸全都属于同一个小组，表示1和12都是12的因子。

因子树

找出某个数字的因子之后，我们可以进一步分解这些因子，确定因子的所有子因子。如果持续不断地分解因子，我们最终可以得到一个素数（请参见第60～61页），即只能被1和它自己整除的数（也称为质数）。这些素数因子称为素因数。要找出素因数，我们可以绘制因子树。制作因子树的方法很多，但找出的素因数并没有差别。

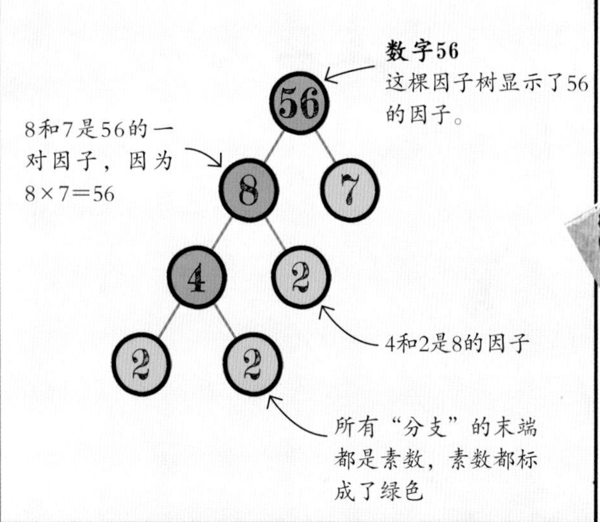

4. 四跑道接力赛

猛犸在跑道上排好了队，准备参加一场接力赛。现在已经知道3和4是12的一对因子，所以猛犸分成了4支队伍，每队都有3头猛犸。

2. 分为两队

为了参加排球比赛，猛犸团队平均分成了两个小组。因为每个小组都有6头猛犸，所以2和6肯定也是12的因子。

3. 三方猜字游戏比赛

现在，猛犸们正在展开一场猜字游戏比赛。4头猛犸为一组，其中一头猛犸站在中间表演，其他3名队友负责猜，最快猜准结果的一组获胜。比赛在3个小组间进行，所以3和4都是12的因子。

5. 6对

有些游戏只需要两名玩家。于是，猛犸团队分成了6组，每组两头猛犸。小组展开了单对单比赛。所以，2和6是12的因子。

6. 自由活动！

结束了一天的休闲娱乐活动之后，猛犸团队现在已经解散了。猛犸开始做各自喜欢的活动。12头全心投入游戏的猛犸各成1组，所以12和1是12的因子。

达到平衡

等式两侧必须保持平衡，换句话说，等式两侧的值必须相同，这样等式才能成立。跷跷板就类似一个等式：猛犸坐在跷跷板的一端，在另一端添加砝码。只有两端的重量完全相同时，跷跷板才会平衡。

等式

等式是一种数学语句（数学陈述），始终包含一个等号（=）。看到这个符号，我们就可以明白，等号两侧内容具有完全相同的值，因为等号表示“……与……相同”。等式可以由数字或者代表数字的符号（即所谓的代数）构成，也就是说，等号两侧可以是数字或者代数符号。

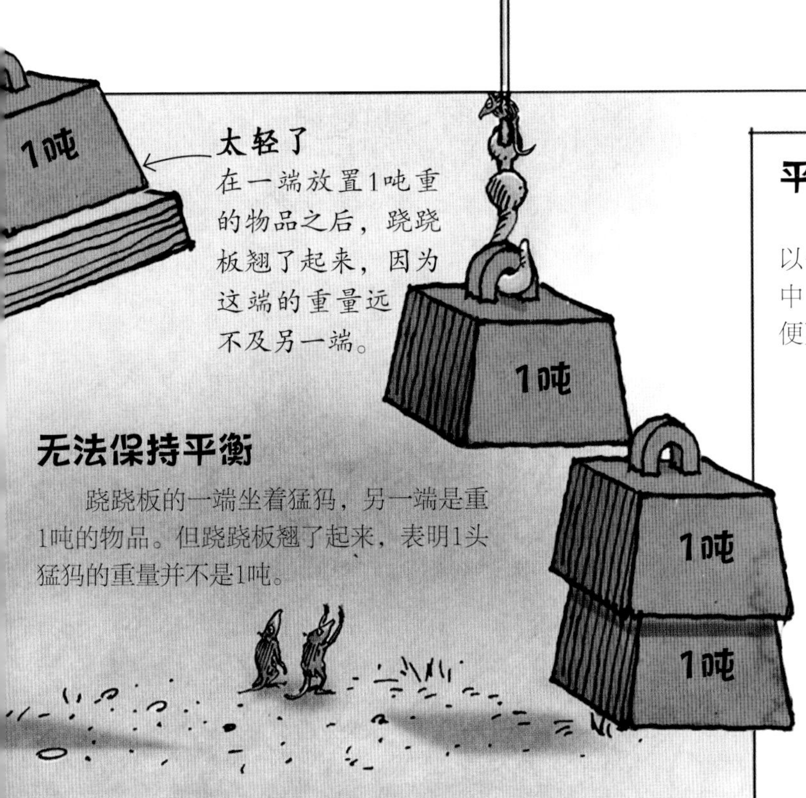

无法保持平衡

跷跷板的一端坐着猛犸，另一端是重1吨的物品。但跷跷板翘了起来，表明1头猛犸的重量并不是1吨。

已经平衡

与猛犸相对的一端堆放了4个砝码，跷跷板现在平衡了。所以，我们得知，1头猛犸与4吨的重量相当。用等式表示为：

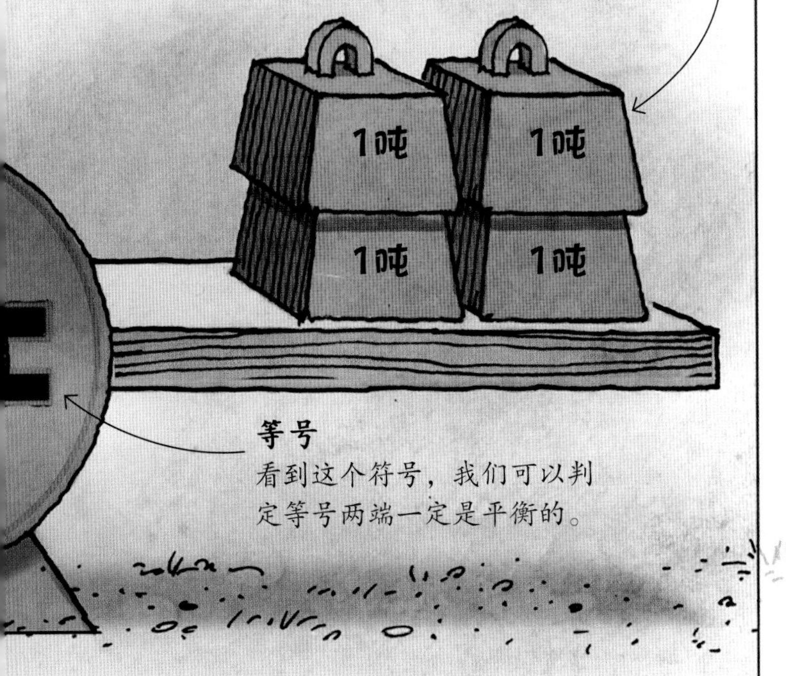

= 4吨

平衡的等式

任何等式都必须保证等号两侧是相等的。我们可以借助这个事实找出当前还不确定的数值。在数学中，我们经常用字母等符号代表尚不确定的数值，以便更轻松地求解这些未知的数值。

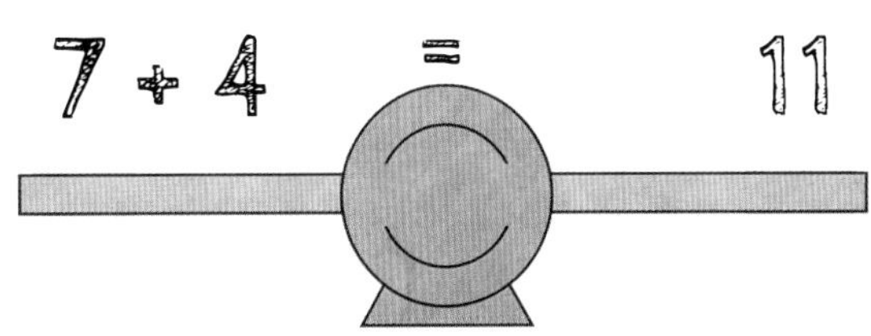

数字等式

这个等式中，我们知道所有的数值。等号的一侧是7 + 4，另一侧是11。等式成立，因为7与4的和是11。

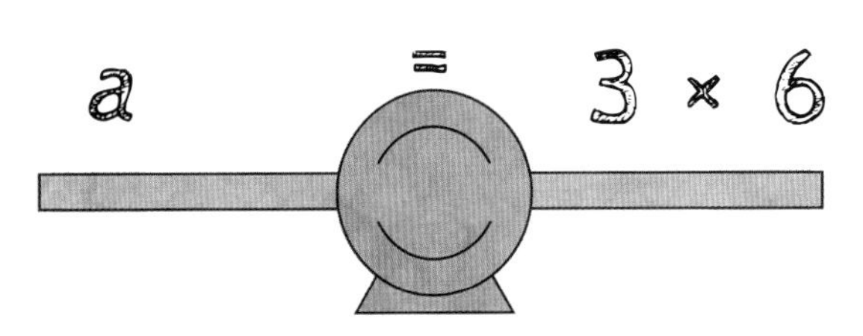

包含字母的等式

这个等式中包含一个尚不确定的数值，包含不确定数值的等式称为方程。字母“a”代表未知数——也称变量。要确定“a”代表的数值，我们只需要计算3 × 6的乘积即可。所以，为了确保方程的等号两侧平衡，这个变量只能是18。

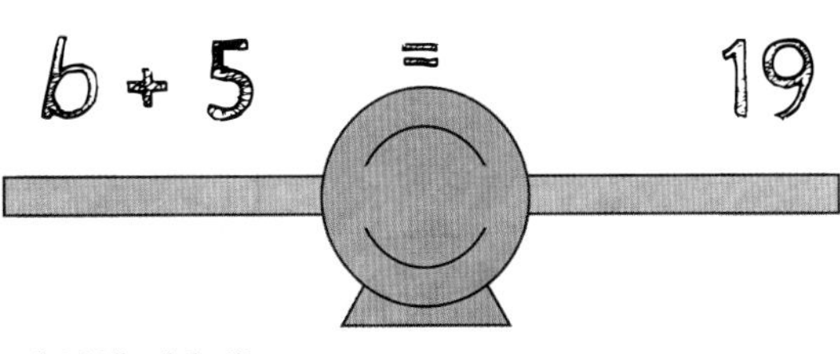

重新排列方程

为了计算方程中的未知变量，我们可以重新排列方程。只要我们在等号两侧同时实施相同的运算，方程将保持平衡。上图示例中，我们可以在等号两侧同时减去5，得到$b = 19 - 5$，然后借助简单的减法即可得出变量的值，即$b = 14$。

分数

数字并不都是整数，也可以分解为更小的数字。这些拆分的整数称为分数。换句话说，分数同样非常有用，适合平均分配物品，这些是猛犸在与朋友分享美食时的发现。

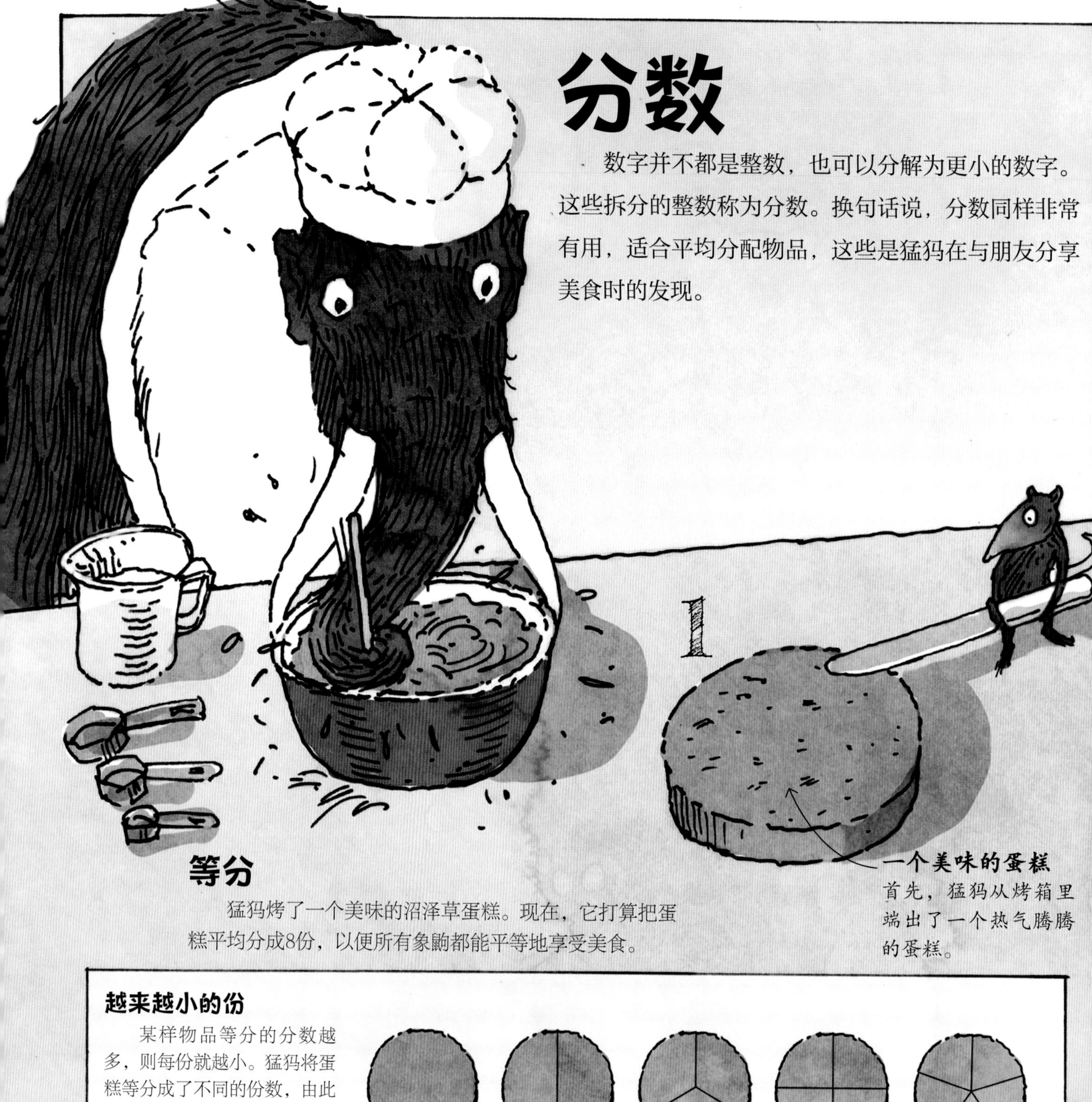

一个美味的蛋糕
首先，猛犸从烤箱里端出了一个热气腾腾的蛋糕。

等分

猛犸烤了一个美味的沼泽草蛋糕。现在，它打算把蛋糕平均分成8份，以便所有象鼩都能平等地享受美食。

越来越小的份

某样物品等分的分数越多，则每份就越小。猛犸将蛋糕等分成了不同的份数，由此我们可以看到，分母（分界线下方的数字）越大，每份蛋糕就越小。

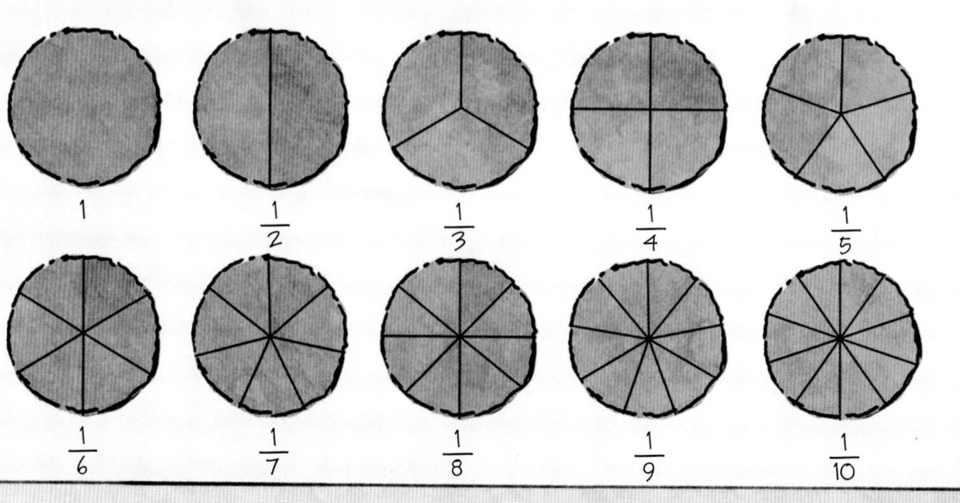

整体的一部分

分数可以描述整体的一部分（例如图中的沼泽草蛋糕），也可以用来描述群体的一部分。猛犸一次烤了4杯美味的沼泽草松糕，其中的3杯没有添加配料，只有一杯撒了草莓糖霜。所以我们说，这批松糕中有四分之三（$\frac{3}{4}$）是普通松糕，四分之一（$\frac{1}{4}$）是糖霜松糕。

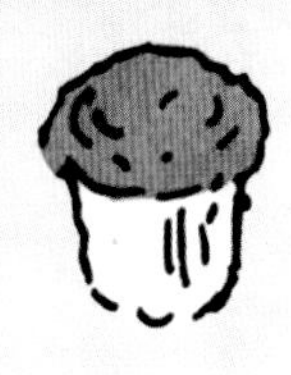

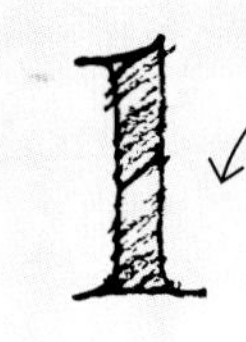

$\frac{1}{4}$

单分数

四分之一的松糕撒了草莓糖霜。所有分子为1的分数都称为单分数。

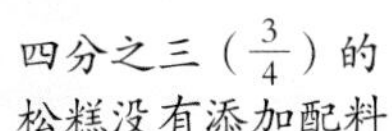

四分之三（$\frac{3}{4}$）的松糕没有添加配料

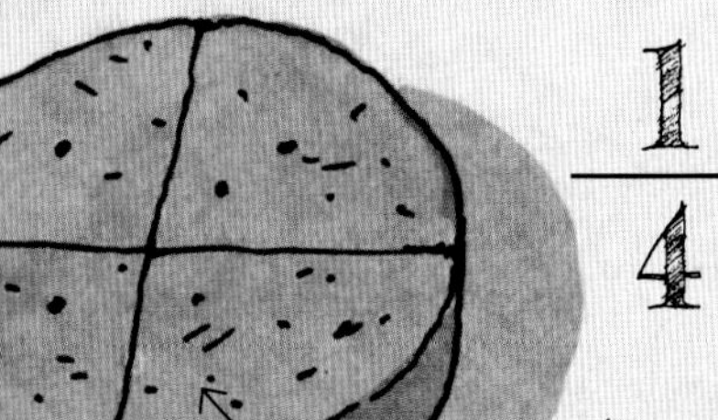

$\frac{1}{4}$

四份 $\frac{1}{4}$

接下来，象鼩把蛋糕切成了4等份，每份是四分之一，但仍然不够分。

$\frac{1}{2}$

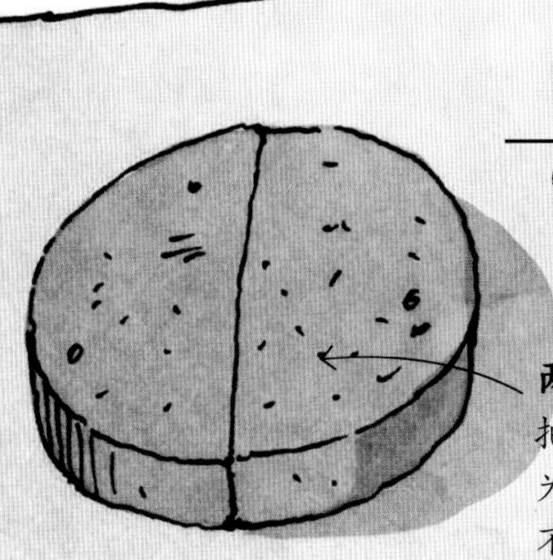

两半

把蛋糕切成两等份，每份为二分之一，也称一半。不过，二等分不够8只饥饿的象鼩分享。

八份 $\frac{1}{8}$

最后，蛋糕被分成了8等份，每份是八分之一：每只垂涎欲滴的象鼩都得到了大小相等的一块蛋糕！

分子

分数中位于分界线上方的数字称为分子，表示在整体中拥有的份数。

$\frac{1}{8}$

分母

分母是分界线下方的数字，表明了整体被等分的份数。

分数的类型

小于1的分数称为真分数。所有分子小于分母的分数（请参见第45页）都是真分数。不过，有时我们可能需要用分数描述那些总和超过整体（1）的数值。我们可以用假分数记录此类数，或者用同时包含整数与分数的带分数。

蛋糕聚会

猛犸糕点师正在为一群未成年的猛犸制作沼泽草蛋糕。每个小家伙都得到了半块蛋糕。为了描述蛋糕的总数量，我们可以用包含整数和真分数的带分数。或者，我们也可以使用假分数，即分子比分母大的分数。

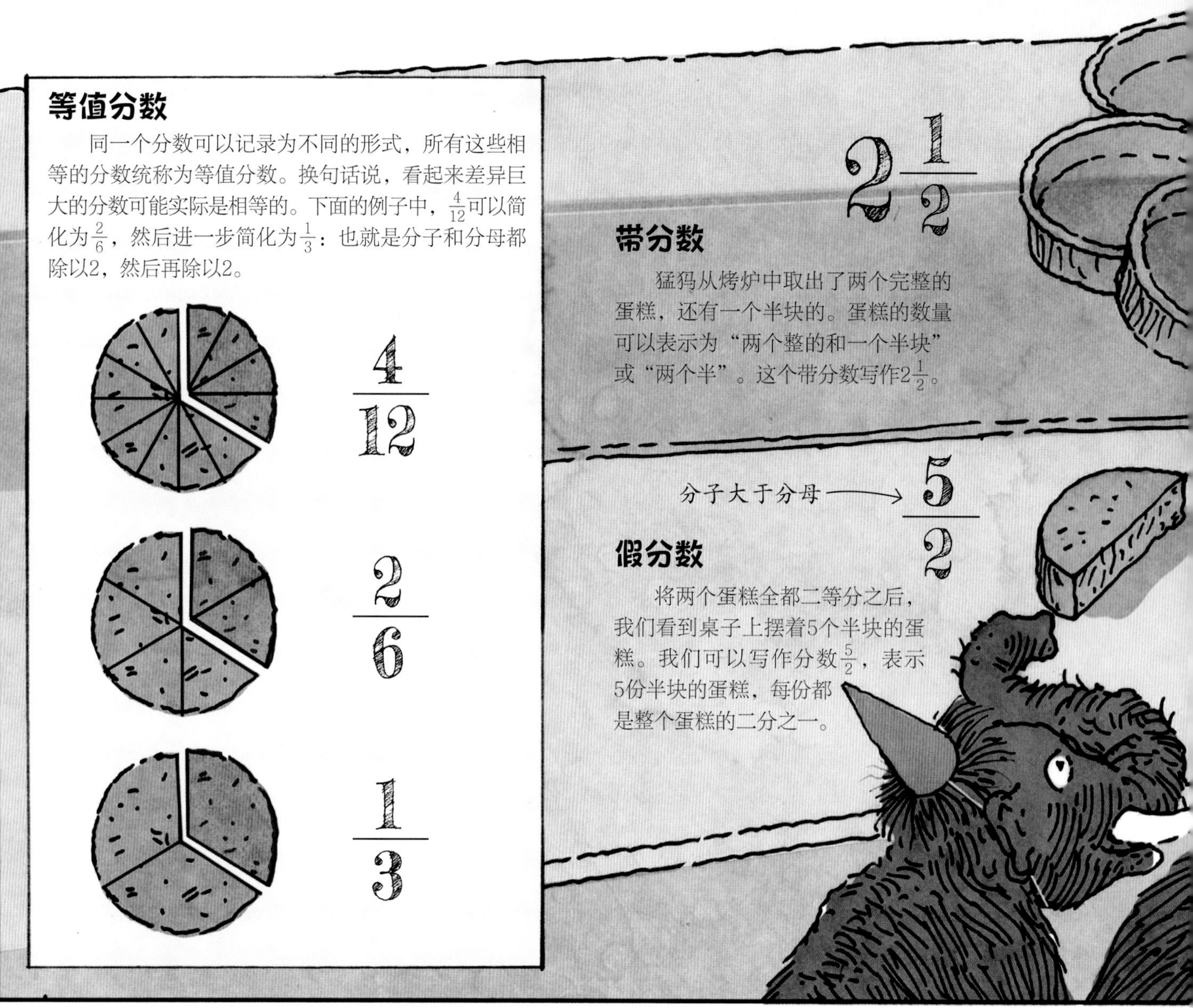

等值分数

同一个分数可以记录为不同的形式，所有这些相等的分数统称为等值分数。换句话说，看起来差异巨大的分数可能实际是相等的。下面的例子中，$\frac{4}{12}$可以简化为$\frac{2}{6}$，然后进一步简化为$\frac{1}{3}$：也就是分子和分母都除以2，然后再除以2。

带分数

猛犸从烤炉中取出了两个完整的蛋糕，还有一个半块的。蛋糕的数量可以表示为“两个整的和一个半块”或“两个半”。这个带分数写作$2\frac{1}{2}$。

假分数

将两个蛋糕全都二等分之后，我们看到桌子上摆着5个半块的蛋糕。我们可以写作分数$\frac{5}{2}$，表示5份半块的蛋糕，每份都是整个蛋糕的二分之一。

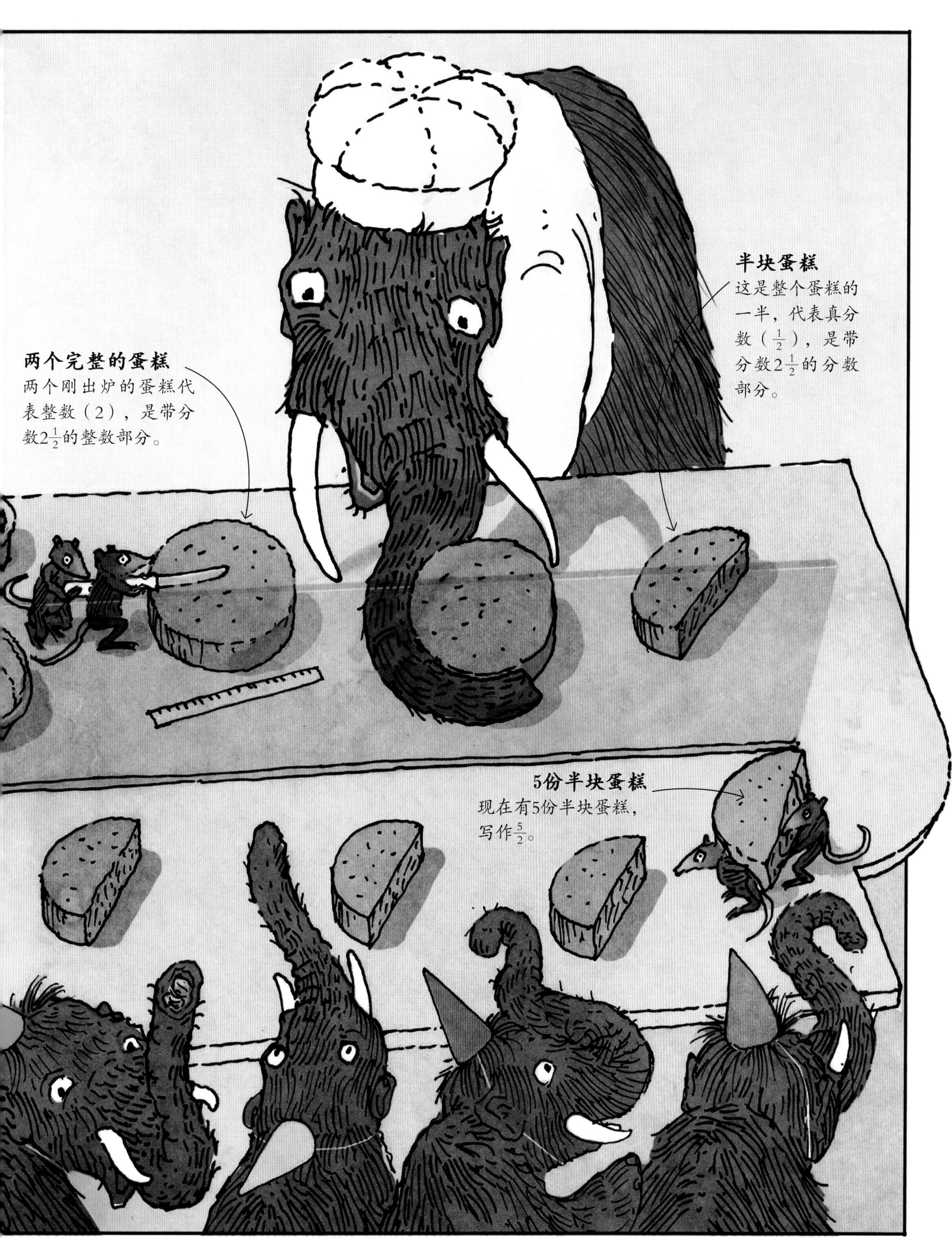

两个完整的蛋糕
两个刚出炉的蛋糕代表整数（2），是带分数$2\frac{1}{2}$的整数部分。
半块蛋糕
这是整个蛋糕的一半，代表真分数（$\frac{1}{2}$），是带分数$2\frac{1}{2}$的分数部分。
5份半块蛋糕
现在有5份半块蛋糕，写作$\frac{5}{2}$。

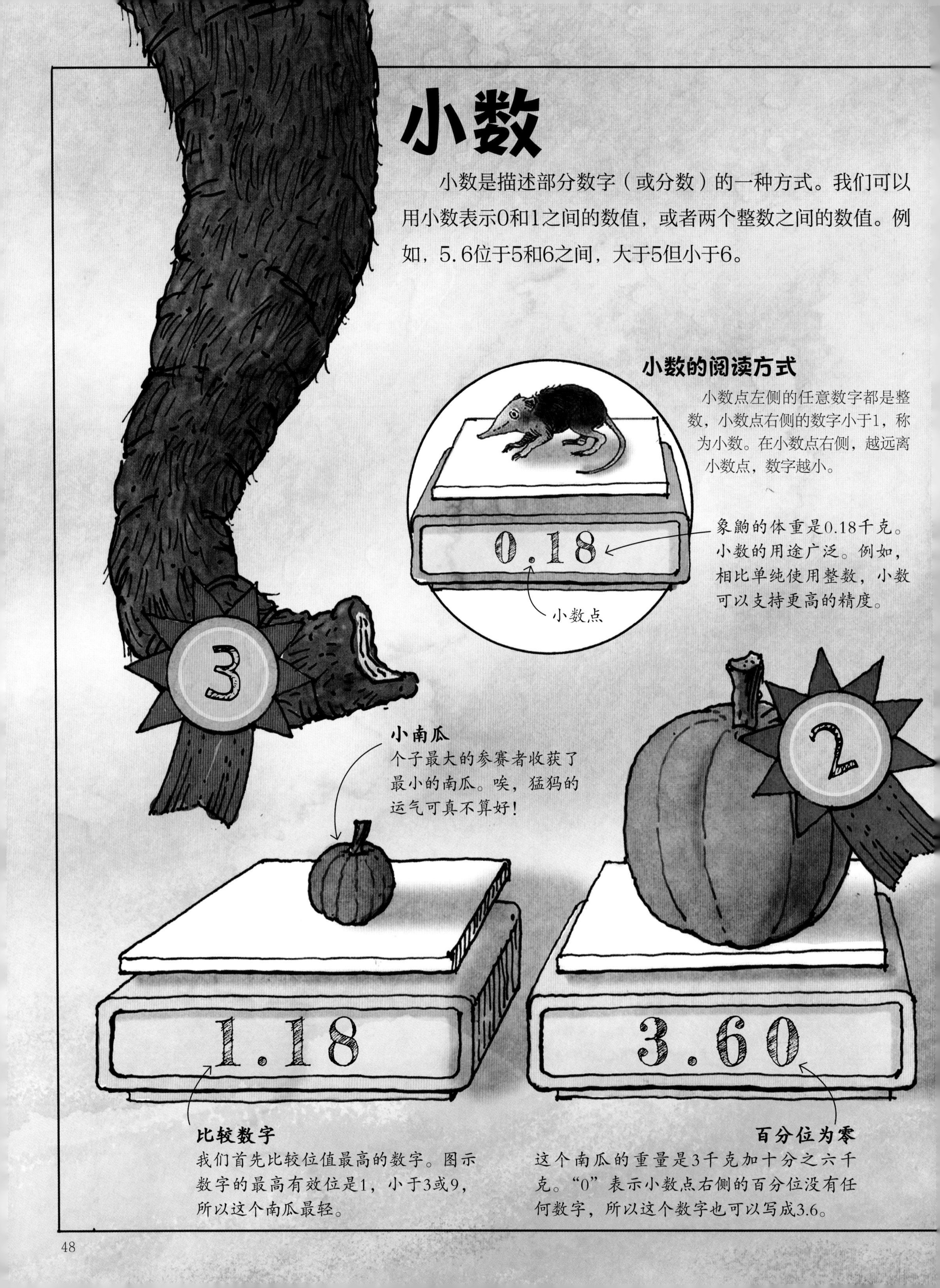

小数

小数是描述部分数字（或分数）的一种方式。我们可以用小数表示0和1之间的数值，或者两个整数之间的数值。例如，5.6位于5和6之间，大于5但小于6。

小数的阅读方式

小数点左侧的任意数字都是整数，小数点右侧的数字小于1，称为小数。在小数点右侧，越远离小数点，数字越小。

象鼩的体重是0.18千克。小数的用途广泛。例如，相比单纯使用整数，小数可以支持更高的精度。

小南瓜

个子最大的参赛者收获了最小的南瓜。唉，猛犸的运气可真不算好！

比较数字

我们首先比较位值最高的数字。图示数字的最高有效位是1，小于3或9，所以这个南瓜最轻。

百分位为零

这个南瓜的重量是3千克加十分之六千克。“0”表示小数点右侧的百分位没有任何数字，所以这个数字也可以写成3.6。

南瓜种植冠军

在这场别开生面的南瓜种植比赛中，三位决赛选手通过数字秤展示了自己的收获。天平读数显示了南瓜的重量，读数包括整数和小数（不足整千克的）部分。数字中间的点称为小数点，小数点是一个分割点，左侧是该数字的整数部分，右侧是小数部分。

变形的分数

小数点后面的数字（小数部分）其实是分数的另一种表现形式。如果用数位（位值的详细内容请参见第14～15页）对应小数点后面的数字，我们就可以清楚地发现：在小数点左侧，所有位值是相邻右侧位值的10倍；在小数点右侧，所有位值同样都是相邻右侧位值的10倍。

个位		十分位	百分位	千分位
个位		$\frac{1}{10}$	$\frac{1}{100}$	$\frac{1}{1000}$
0	.	8	0	0

数字“8”位于十分位，所以0.8与$8/_{10}$相等。

个位		十分位	百分位	千分位
个位		$\frac{1}{10}$	$\frac{1}{100}$	$\frac{1}{1000}$
0	.	0	8	0

“8”位于百分位，所以0.08与$\frac{8}{100}$相等。

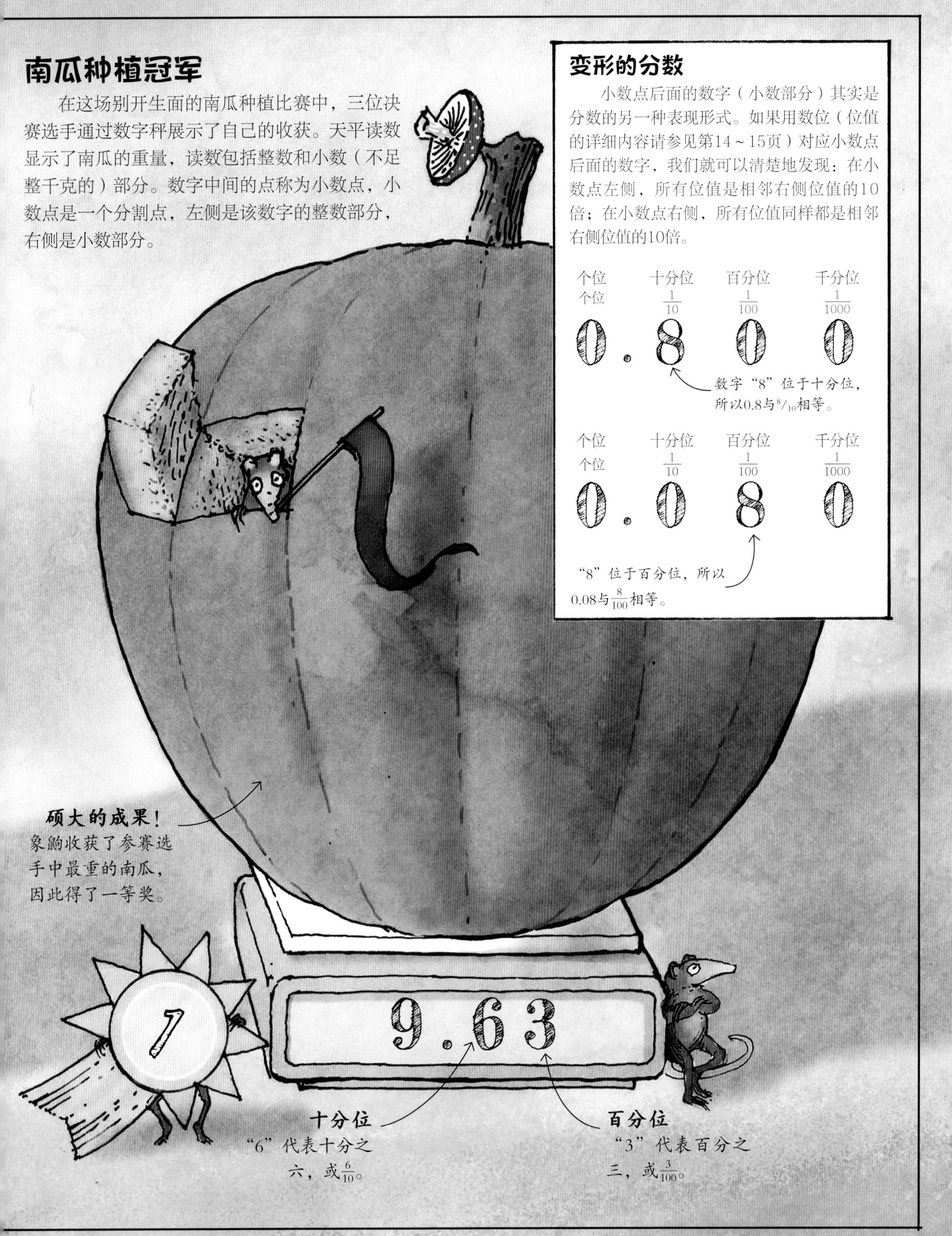

硕大的成果！
象鼩收获了参赛选手中最重的南瓜，因此得了一等奖。

十分位
“6”代表十分之六，或$\frac{6}{10}$。

百分位
“3”代表百分之三，或$\frac{3}{100}$。

百分数

百分数是分母为100的特殊分数，经常用于表示两个数的比值，是非常有用的一种比较方法，通常用符号“%”表示。

准备发射

一头勇敢的猛犸即将踏上未知的太空之旅，它乘坐的火箭马上就要发射了，吸引了一大群象鼩围观。现场共有象鼩观众100名，因此我们可以很方便地计算百分比，了解百分数的用途。而且，我们还可以用百分数来比较各种数量，例如三段式火箭各分段的长度：将火箭总长度分成100等份，即可得出每段的比例。

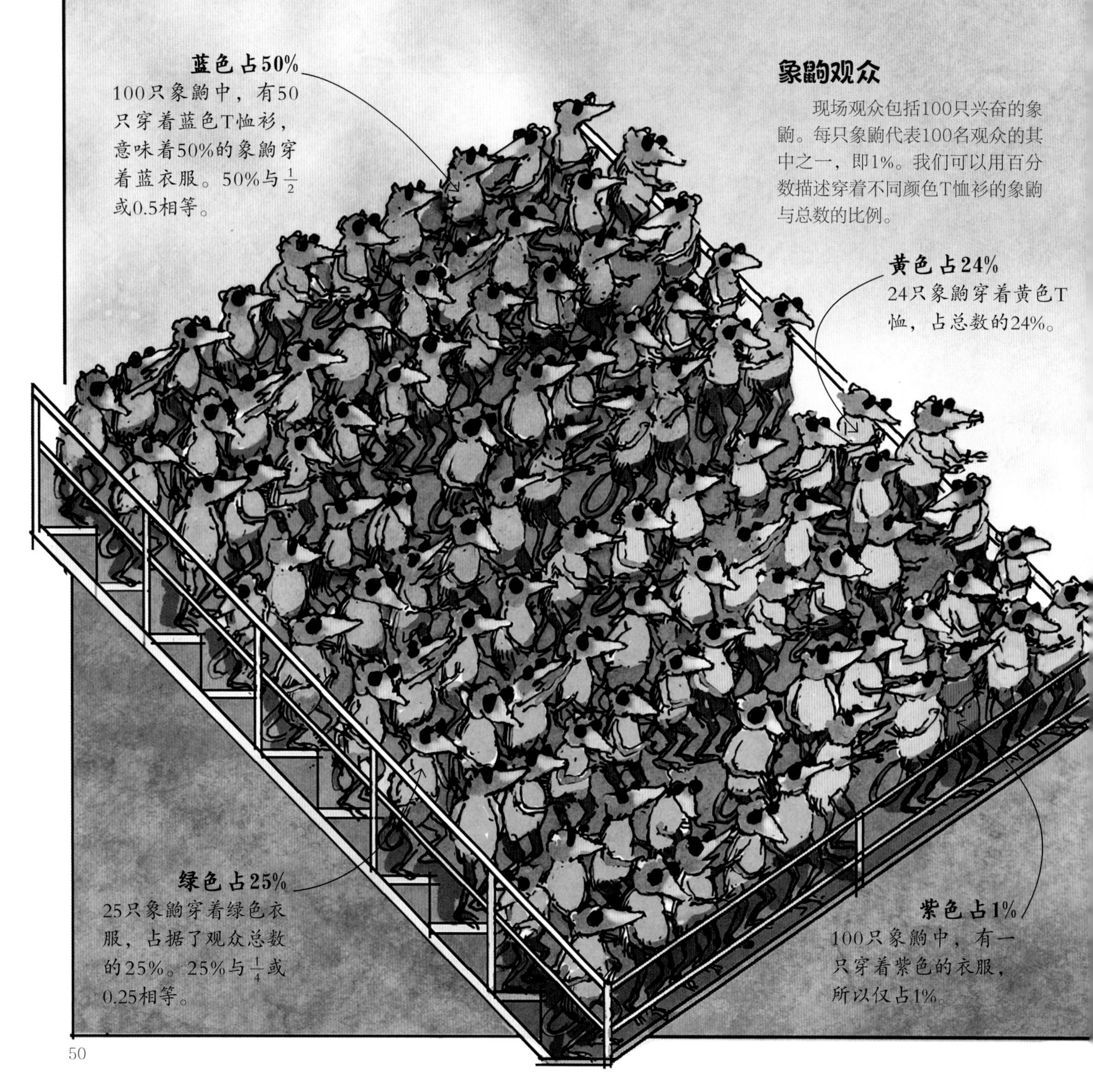

蓝色占50%
100只象鼩中，有50只穿着蓝色T恤衫，意味着50%的象鼩穿着蓝衣服。50%与$\frac{1}{2}$或0.5相等。

象鼩观众

现场观众包括100只兴奋的象鼩。每只象鼩代表100名观众的其中之一，即1%。我们可以用百分数描述穿着不同颜色T恤衫的象鼩与总数的比例。

黄色占24%
24只象鼩穿着黄色T恤，占总数的24%。

绿色占25%
25只象鼩穿着绿色衣服，占据了观众总数的25%。25%与$\frac{1}{4}$或0.25相等。

紫色占1%
100只象鼩中，有一只穿着紫色的衣服，所以仅占1%。

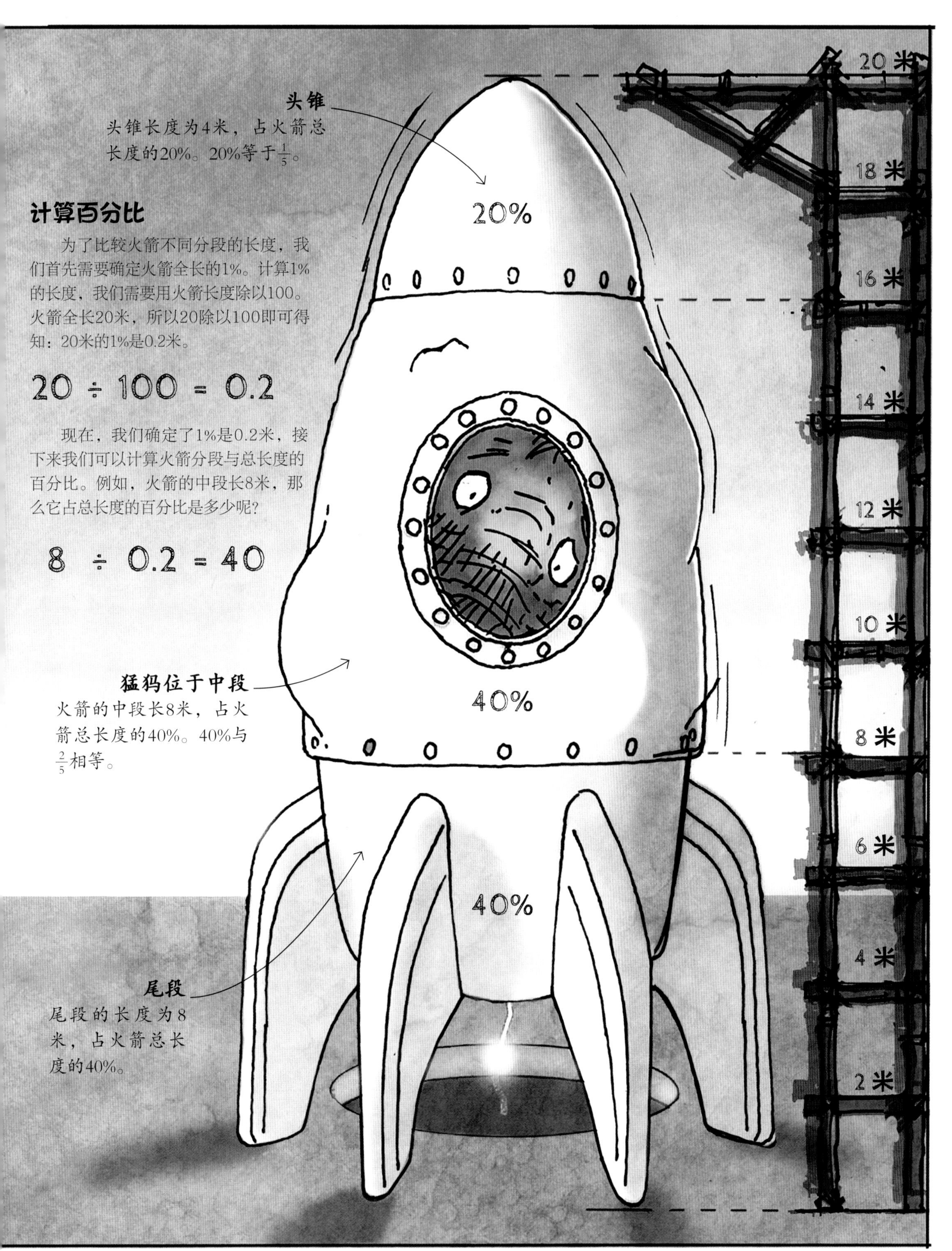

头锥

头锥长度为4米，占火箭总长度的20%。20%等于$\frac{1}{5}$。

计算百分比

为了比较火箭不同分段的长度，我们首先需要确定火箭全长的1%。计算1%的长度，我们需要用火箭长度除以100。火箭全长20米，所以20除以100即可得知：20米的1%是0.2米。

$$20 \div 100 = 0.2$$

现在，我们确定了1%是0.2米，接下来我们可以计算火箭分段与总长度的百分比。例如，火箭的中段长8米，那么它占总长度的百分比是多少呢？

$$8 \div 0.2 = 40$$

猛犸位于中段

火箭的中段长8米，占火箭总长度的40%。40%与$\frac{2}{5}$相等。

尾段

尾段的长度为8米，占火箭总长度的40%。

比例

想要比较两个数字或数量时，比例是一种完美的数学工具，可以精确显示某个数量比另一个大或小多少。例如，这些猛犸时尚弄潮儿正在通过混合颜料来调制颜色，它们必须用精确的比例来描述不同颜色的成分配比。

1比1

首先，猛犸混合了一罐蓝色和一罐红色的颜料，两种颜料的比例是1比1。我们把这个比例写作1:1——用比号（两个点）隔开的两个数字。

1比2

象鼩又加了一罐红色颜料，所以现在蓝色与红色颜料的比例是1比2，或1:2。

1比3

加入最后一罐红色颜料之后，象鼩们找到了完美的紫色。最终，蓝色与红色颜料的比例是1比3，或1:3。

混合均匀

象鼩正在搅拌倒进桶里的蓝色和红色颜料，以寻找理想的紫色。它们不断添加红色颜料，直到获得想要的颜色。同时改变的还有蓝色和红色颜料的比例。

理想的比例

所有人都喜欢和渴望本季的流行色——“华丽的葡萄紫”。首先，象鼩混合了恰当比例的蓝色和红色颜料，以调制完美的紫色。为了让猛犸的游泳池变成真正的大染缸，象鼩需要更多的颜料，但混合颜料时它们必须注意保持相同的比例，否则游泳池染缸可能会产生不那么理想的紫色。

紫色泳池大染缸

许多猛犸和象鼩前赴后继地跳进了泳池染缸，为自己换上了漂亮的紫色皮毛。

批量制作

要把整个游泳池变成大染缸，象鼩需要10罐蓝色颜料和30罐红色颜料，数量比例为10：30。如果将所有数字除以10来简化这个比例，我们可以发现10：30与1：3相等——每添加一罐蓝色颜料，就要添加3罐红色颜料。

漂亮的紫色

紫色是猛犸最喜欢的颜色，喜欢程度超过了蓝色和红色。

10罐蓝色颜料

水池需要的颜料比水桶要多得多，但是蓝色与红色颜料的比例没有变。

比例

比例也可以用来表示某个数量与所在整体的比值。例如，要让整个游泳池变成大染缸，象鼩们用了10罐蓝色颜料和30罐红色颜料，总共40罐。所以，40罐中有10罐蓝色颜料，可以写作分数$\frac{10}{40}$，然后约分为$\frac{1}{4}$，表明投入游泳池的颜料中$\frac{1}{4}$为蓝色颜料。你能计算出红色颜料所占的比例是多少吗？

答案请参见第160页。

按比例缩小

拍摄照片时，我们可以得到真实事物缩小的图像。这些图像虽然比较小，但各部分的比例与实物相同，看起来同样真实可信。假设这头猛犸的高度为300厘米，而照片中它的身高只有12厘米。300除以12等于25，也就是缩放系数为25。照片中，猛犸的所有部分都被缩小到了实际尺寸的$\frac{1}{25}$。

缩放

缩放表示将某物整体缩小或放大，同时保持所有组成部分的比例不变。这意味着事物的所有部分都必须以相同的比例放大或缩小。要按比例放大某物，我们需要用该物体的尺寸乘以缩放系数，例如长度和宽度；要按比例缩小某物，则需要用它的尺寸除以缩放系数。

按比例放大

相比坐着的象鼩，雕像的高度增加到4倍。

缩放系数

物体缩放时其尺寸乘以或除以的数字称为缩放系数。要确定缩放系数，我们需要分别测量象鼩和雕像的高度。雕像的高度是象鼩的4倍，所以缩放系数是4。

4

3

2

1

雕像主体

在制作雕像的过程中，象鼩作为模特必须保持静止！

按比例放大的雕像

猛犸正在为象鼩制作雕像，雕像比象鼩要高大得多。坐在一根石柱基座上的象鼩只有25厘米高，而猛犸正在制作的雕像高100厘米。所以，雕像的每一部分都将把真实的象鼩放大4倍。

测量与验证

为了确保雕像各部分的比例与真实象鼩保持一致，象鼩各部位的尺寸都必须乘以4。

1 1
1 2 1
1 3 3 1
1 4 6 4 1
1 5 10 10 5 1
1 6 15 20 15 6 1

数学模型
和
超级序列

序列

数学模型其实随处可见。通常，即使看起来最杂乱无章的形状或数字组合也存在一定的联系。按照一定顺序排列的数字或形状就构成了一个序列。序列中的数字或形状称为项，这些项遵循的固定模型称为规则。

晾衣绳

猛犸正在按照不同的序列悬挂衣物，以便为枯燥的家务劳动增添一些乐趣。每个序列都遵循不同的规则，例如加法、减法、乘法或除法，或者四种方法的混合。

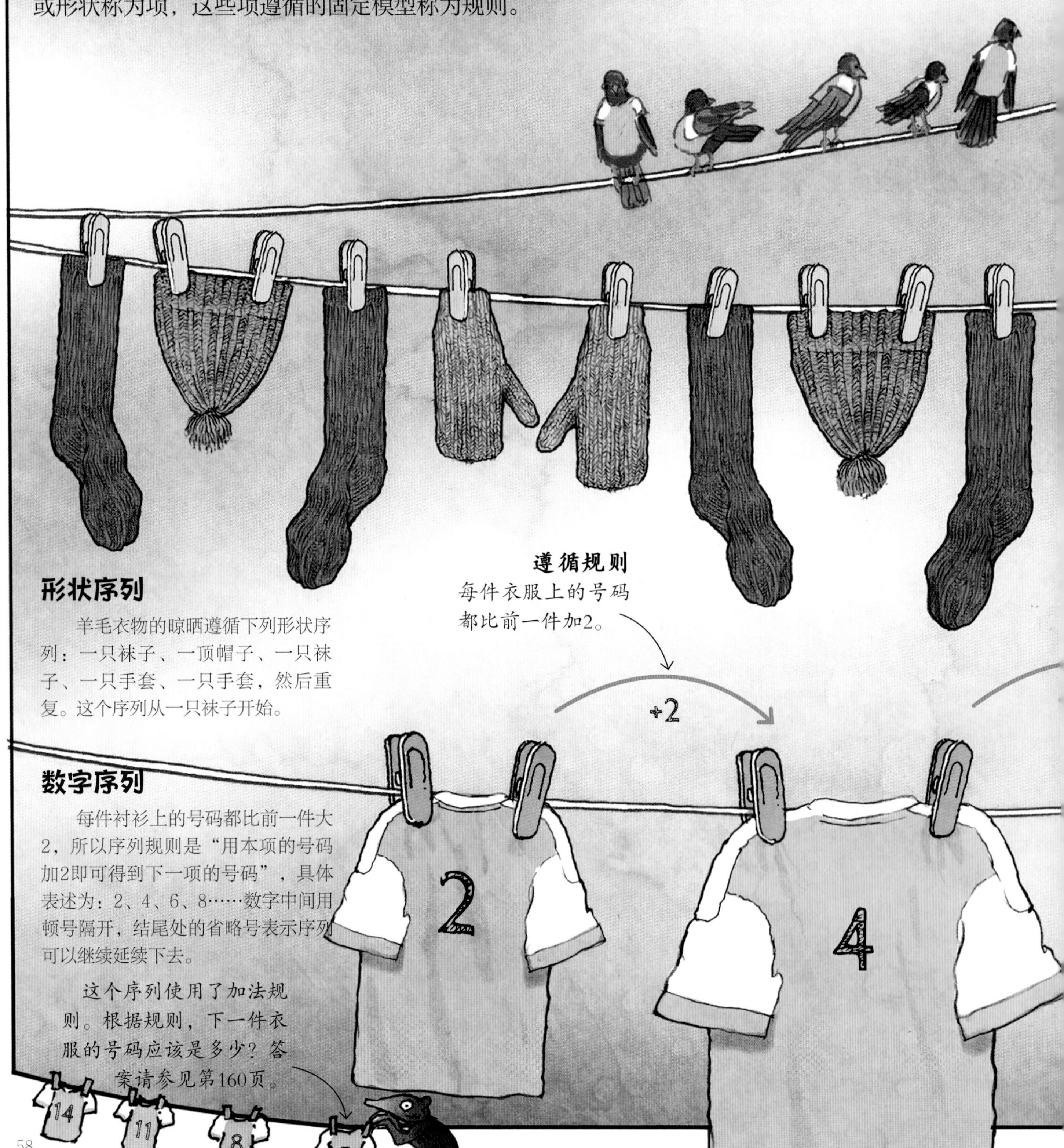

形状序列

羊毛衣物的晾晒遵循下列形状序列：一只袜子、一顶帽子、一只袜子、一只手套、一只手套，然后重复。这个序列从一只袜子开始。

数字序列

每件衬衫上的号码都比前一件大2，所以序列规则是"用本项的号码加2即可得到下一项的号码"，具体表述为：2、4、6、8……数字中间用顿号隔开，结尾处的省略号表示序列可以继续延续下去。

这个序列使用了加法规则。根据规则，下一件衣服的号码应该是多少？答案请参见第160页。

根据序列规则添加项

找到特定序列的规则之后，我们就可以根据规则确定序列的指定项，以及下一项，以此类推。序列的第一个数值称为首项。任何尚不知道的项称为第n项——“n”代表未确定项的编号。在下图所示的形状序列中，规则是“本项的形状增加一条边，即可得到下一项的形状”。你能根据该规则画出第n项的形状吗？

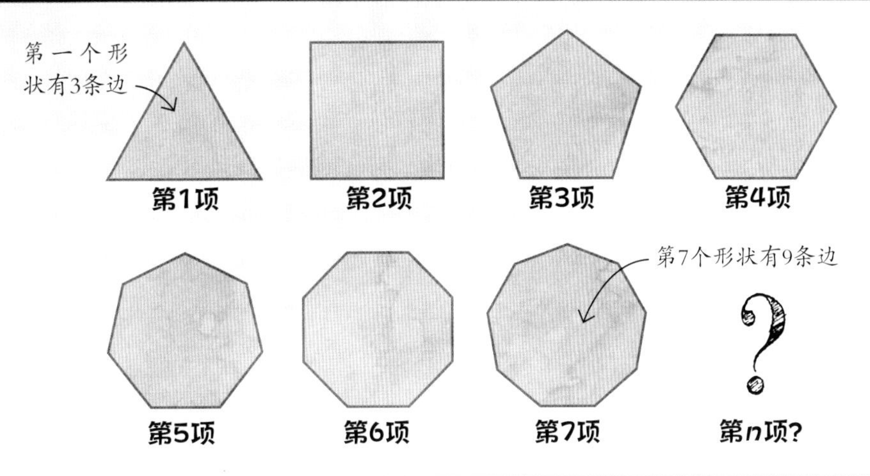

数字1禁入
数字1没有进入机器，因为它不是素数。数字1不是素数，因为它只有一个因子——它自己！
2、3、5或7？
是
否
能被2整除吗？
否
能被3整除吗？
否
能被5整除吗？
是
是
是
非素数
非素数，有时也称“复合数”，全都被挑了出来，最后送进了废料箱。

素数

素数是大于1且不能被自身和1之外任何其他整数整除的整数。这些特殊的数字有时被称为所有其他数字的构成材料。但是，如何判断一个数字是否为素数呢？为了筛选素数，猛犸工程师建造了一台特别的机器。

素数									
1	2	3	4	5	6	7	8	9	10
11	12	13	14	15	16	17	18	19	20
21	22	23	24	25	26	27	28	29	30
31	32	33	34	35	36	37	38	39	40
41	42	43	44	45	46	47	48	49	50
51	52	53	54	55	56	57	58	59	60
61	62	63	64	65	66	67	68	69	70
71	72	73	74	75	76	77	78	79	80
81	82	83	84	85	86	87	88	89	90
91	92	93	94	95	96	97	98	99	100

没有规律

这张表显示了100以内的所有素数（标为粉色的数字）。你可以试着寻找这些数字的分布规律——素数的出现似乎是完全随机的。

偶数素数

数字2是唯一的偶数素数，所有其他素数都是奇数。

素数封装

素数属于特殊的数字，所以象鼩们十分小心地把素数包裹了起来。

素数筛选流水线

要判断一个数字是否为素数，首先查看这个数字是否2、3、5或者7。如果是，直接送入素数堆！如果不是，下一步就是计算该数字能否被2、3、5或7整除。素数是只有两个因子的数字（请参见第40～41页），即它本身和1。因此，任何能被2、3、5或7整除的数字都有两个以上的因子，这些数字不是素数。

平方数

一个整数与自身相乘得到的积称为平方数。例如，3乘以3等于9，9就是3的平方数。平方数得名的原因在于所有平方数都可以表示为一个实际的正方形。我们用右上角的小2来表示平方数，例如3^2。

方块印

象鼩们正在忙着切削土豆，以制作两端为正方形平面的长方体薯块（土豆印章）。而猛犸正在用这些土豆印章制作正方形印记，以表示快速增大的平方数。通过计算每个正方形包含的小印记的数量，我们可以得出这些平方数的值。

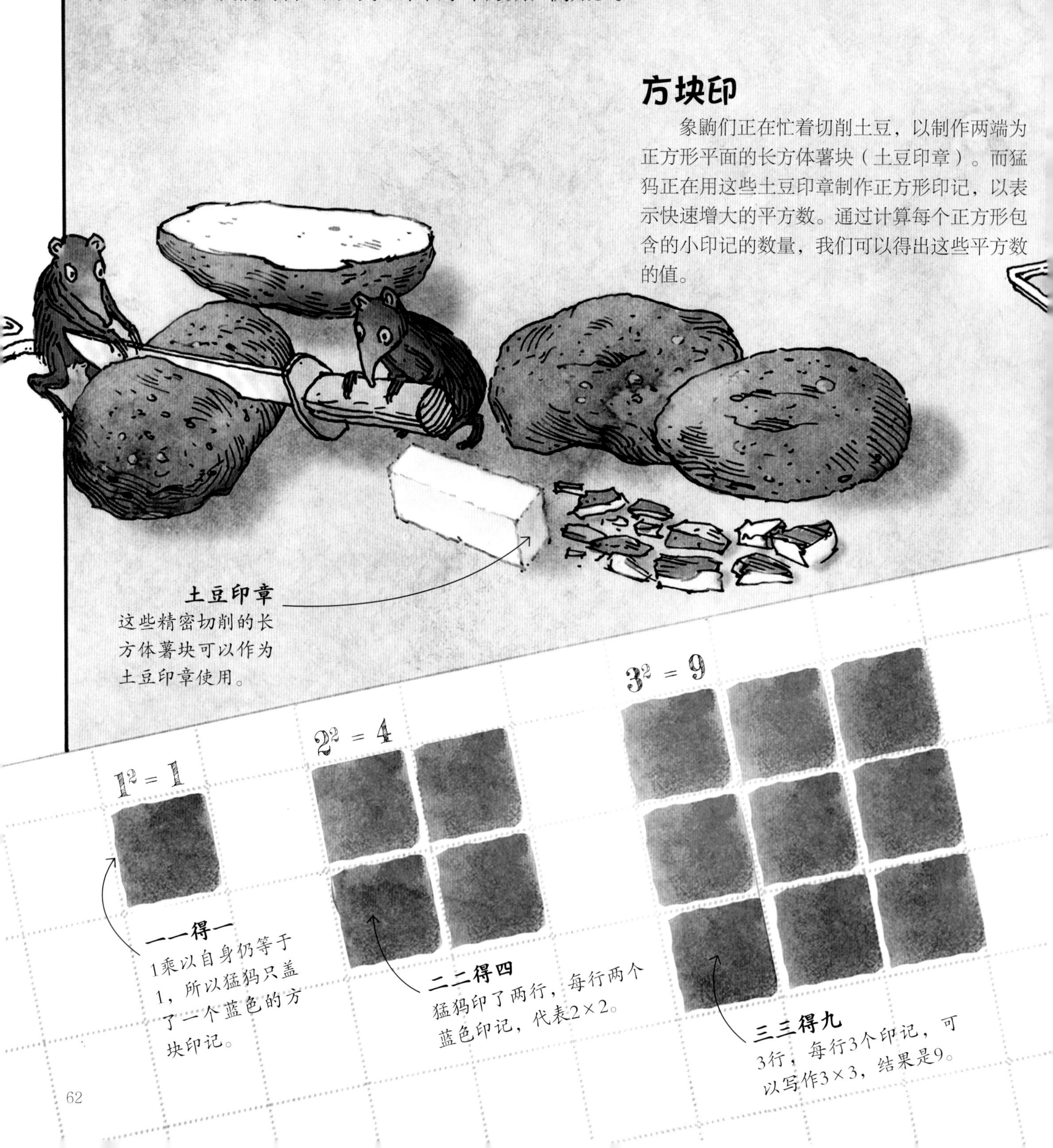

土豆印章
这些精密切削的长方体薯块可以作为土豆印章使用。

一一得一
1乘以自身仍等于1，所以猛犸只盖了一个蓝色的方块印记。

二二得四
猛犸印了两行，每行两个蓝色印记，代表2×2。

三三得九
3行，每行3个印记，可以写作3×3，结果是9。

平方根

某个数与本身相乘可以得出这个数的平方数，而这个数就是这个平方数的根（平方根）。所有的平方数都有平方根。平方数和平方根位于平方运算等式的两侧。例如，16是4的平方数，4同样是16的平方根。平方根的符号是$\sqrt{\ }$。

立方数

立方数是一个整数乘以自身然后再乘以自身后（即某个整数3次相乘）得到的积，因为可以表现为一个立方体的形状而得名。第一个立方数（1×1×1）表示为一个长、宽、高分别为1的立方体。下一个立方数（2×2×2）是长、宽、高分别为2的立方体。

制作立方体

猛犸正轻松惬意地享受茶歇时光，而象鼩仍在忙着制作糖块。它们精雕细琢，把每个糖块都做成了完美的立方体（所有面都是正方形的立体形状）。然后，这些糖块堆叠在一起，组成了越来越大的立方体。

立方体序列

象鼩正在堆叠小立方体糖块，制作立方数序列。每叠糖块的高度、宽度和长度相乘，就可以得到立方数序列的项。立方数表示为数字右上角的一个小3，例如1^3。

单位
每个糖块代表一个单位。

1^3
糖块的长、宽和高都是1单位，所以1×1×1=1。

2^3
这个立方体的长、宽和高都是2单位：2×2×2=8。

3^3
这个立方体的长、宽和高都是3单位：3×3×3=27。

幂

像2^3这种数的形式也称为幂，其中2称为底数，表明结果为立方数的右上角小3称为指数（有时指数可能不止一个）。幂可以快速且直接地表明有多少个底数相乘。例如，一个数字与自身相乘可以得到一个平方数，写作某数的2次幂：$2\times2=2^2$。

3个某数字相乘称为立方数，或者3次幂：$2\times2\times2=2^3$。

$$5^3=5\times5\times5$$

$$=125$$

3个数字5相乘称为5的3次幂

$$5^{10}=5\times5\times5\times5\times5\times5\times5\times5\times5\times5$$

$$=9\,765\,625$$

此处的幂是10，虽然指数只增加了7，但得到的乘积已经超过了900万！

斐波那契数列

数学中有一个非常有趣的序列，即以13世纪意大利数学家名字命名的斐波那契数列。该序列中的所有数字都是前两个数字相加的和，可以用来绘制完美的螺旋线，而象鼩也发现了这个规律。

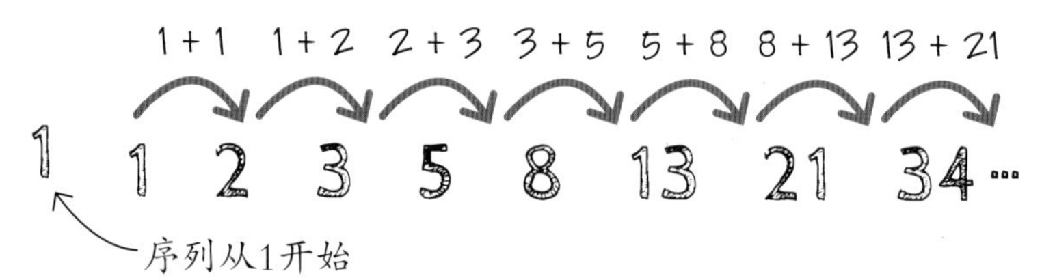

特殊的螺旋线

受猛犸卷曲的象鼻的启发，象鼩正在利用斐波纳契数列建造让人兴奋不已的螺旋滑梯。为了获得螺旋形状，象鼩首先将斐波那契数列变成正方形，正方形的边长代表序列中的项。

第一步

序列的第一项是1，所以象鼩在地上摆了一个正方形，并以正方形的边长为半径，正方形的一个顶点为圆心，画了连接正方形两个对角的四分之一圆。

第二步

序列的第二项是1，所以象鼩在第一个正方形旁边又摆放了一个同样的正方形。第三项是2，所以象鼩们又摆了一个边长为第一个正方形边长2倍（2单位）的正方形。

螺旋开始

每摆放一个正方形，象鼩就要画连接正方形对角的四分之一圆。

第三步

正方形不断地扩大。下一项是3，所以象鼩们需要一个3单位边长的正方形。

每个新正方形的边长都等于前两个正方形边长的和。

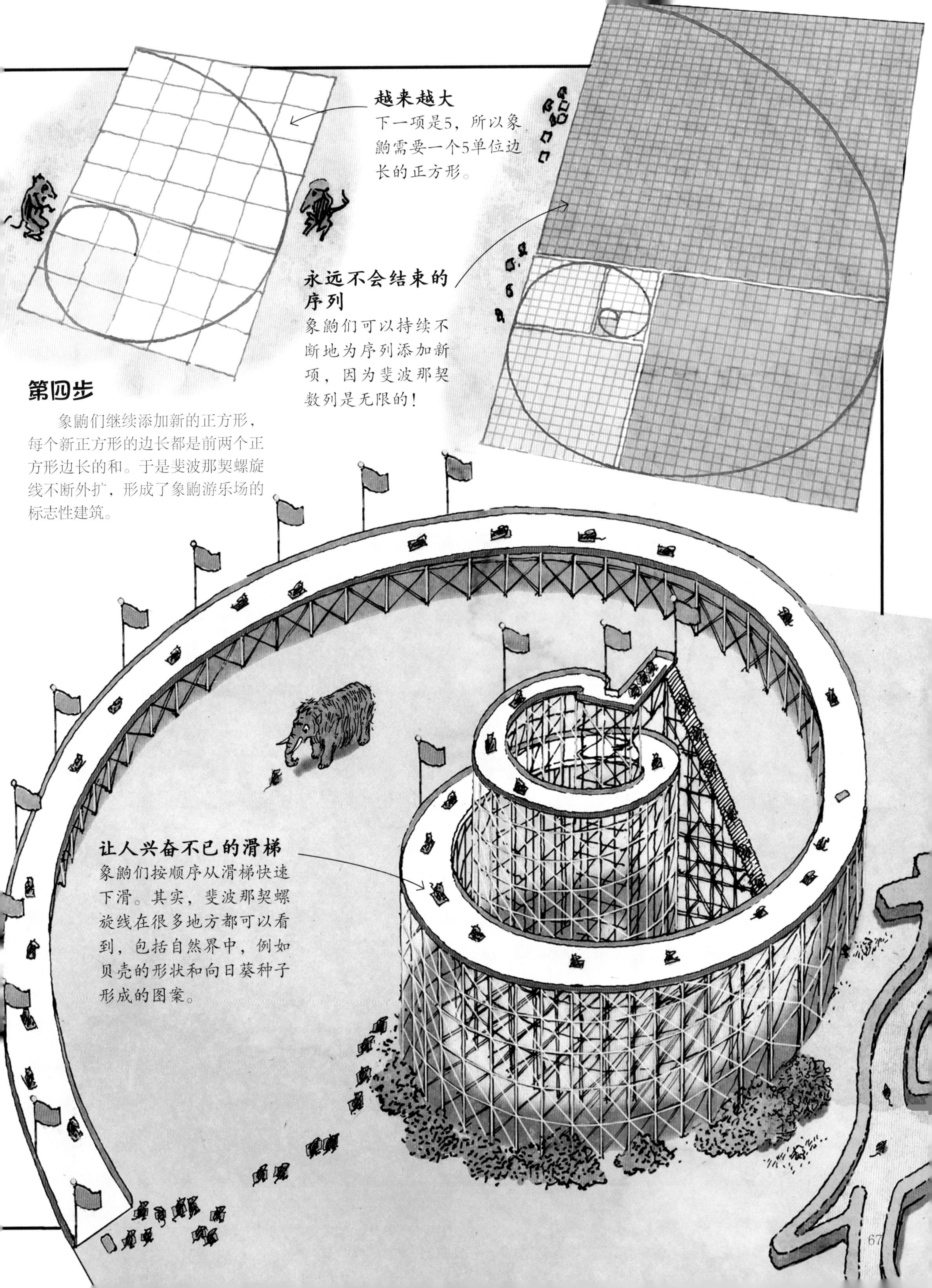

第四步

象鼩们继续添加新的正方形，每个新正方形的边长都是前两个正方形边长的和。于是斐波那契螺旋线不断外扩，形成了象鼩游乐场的标志性建筑。

有魔力的形状

形状与数字的结合可以构成很多真正棘手的挑战，其中之一就是神奇三角形。要解答这个三条边的谜题，我们需要让三角形每条边的数字加起来都等于位于中心的神奇数字。

中断的台球游戏

猛犸正在草坪上玩台球游戏，突然被象鼩打断了。象鼩借走了这些球，想要构建一个神奇的三角形。不过，至少猛犸可以换一个新的游戏。于是，这些毛茸茸的家伙们聚在了一起，猜测标着数字的球应该摆放到哪个洞中。

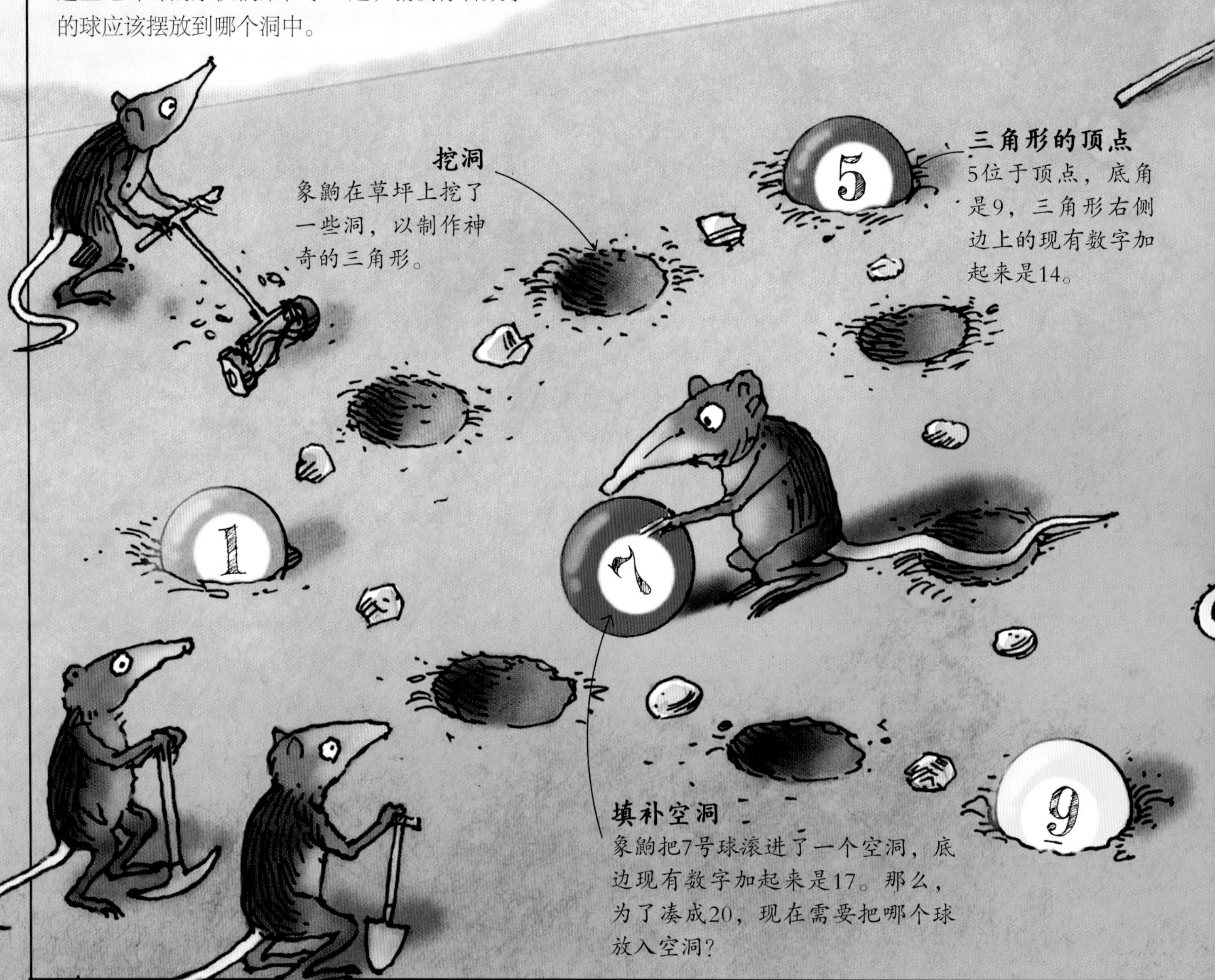

挖洞

象鼩在草坪上挖了一些洞，以制作神奇的三角形。

三角形的顶点

5位于顶点，底角是9，三角形右侧边上的现有数字加起来是14。

填补空洞

象鼩把7号球滚进了一个空洞，底边现有数字加起来是17。那么，为了凑成20，现在需要把哪个球放入空洞？

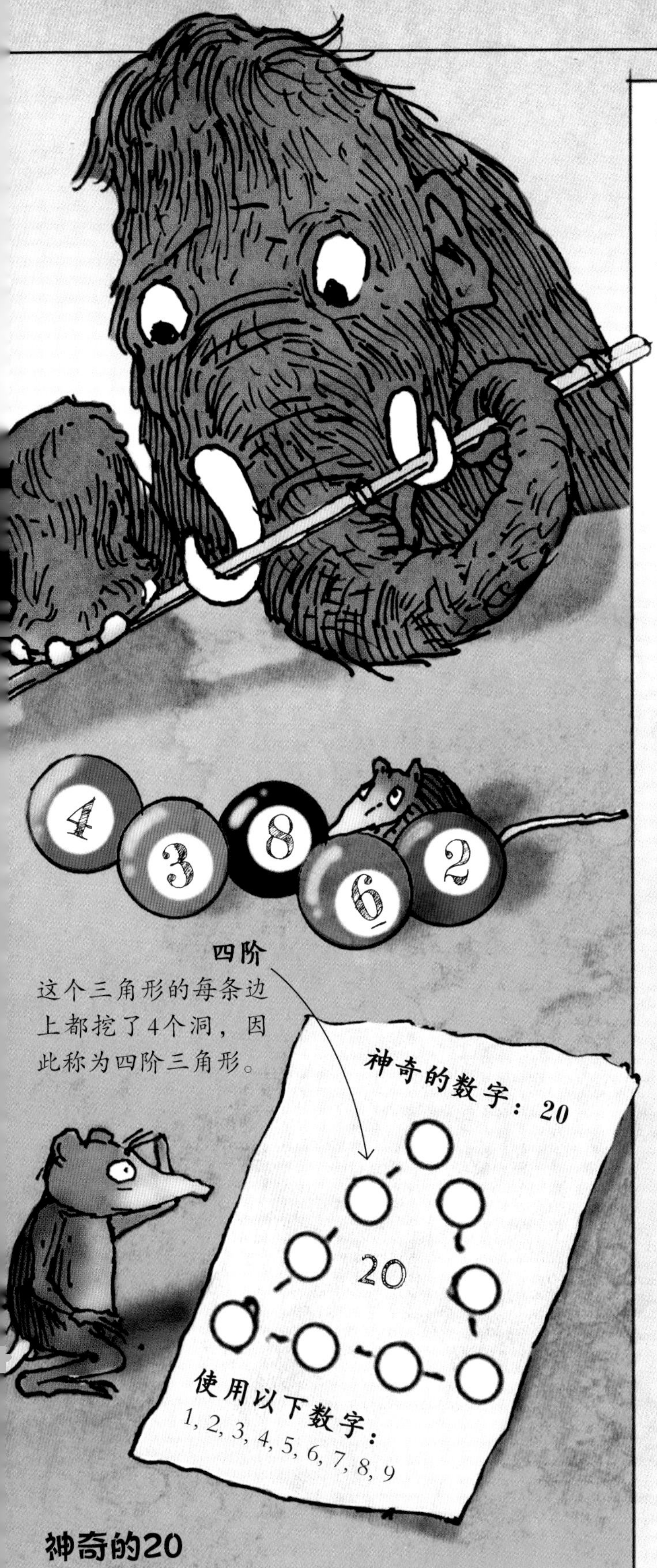

神奇的20

这个神奇三角形的中心数字是20。你能用这些标着数字的球填入空洞，然后让三角形每条边的数字之和都等于20吗？每个数字只能使用一次。作为提示，象鼩已经填上了其中3个洞。

幻方

三角形并不是唯一能够制作谜题的形状。例如，在幻方（纵横线条组成的正方形）中，每行、每列、每条对角线上的数字加起来的和都相等。事实上，幻方四个角和中心的四个数字相加也可以得到相同的和，这个和称为奇妙的和。根据传说，第一个幻方出自4 000多年前中国古代一位君王之手。

寻找奇妙的和

下面的幻方中，奇妙的和是34。也就是说，使用数字1～16填入幻方，每个数字只用一次，确保每条垂直线、水平线和对角线的数字之和都是34。

16	3	2	13
5	10	11	8
9	6	7	12
4	15	14	1

四个角的数字加起来也是34。

幻方解密

使用数字1～36（每个数字只使用一次），根据已有线索，你能填补缺失的内容，让这个幻方实现奇妙的和111吗？小提示，寻找只缺失一个数字的行、列或对角线。

	18				23
	25		27	22	31
34	9	1	10		21
6		30	28		16
	14	29	8	20	
		15	35	17	13

答案请参见第160页。

帕斯卡三角形

一个数字序列不一定只有一条规则。有时，同一个集合可能包含多种模式——前提是你知道如何找到这些模式！下方数字金字塔包含了多个不同的序列，称为帕斯卡三角形，以法国科学家布莱斯·帕斯卡的名字命名。不过，古代数学家早在1 000多年前就已经认识了这种三角形。

令人困惑的金字塔

这些擅长杂技的象鼩组成了一个帕斯卡三角形。每行的开始和结尾都是数字1。其他项的数字是上方两个相邻数字的和。

水平行

如果将每个横行的所有数字相加，并按顺序排列这些和，我们可以得到下列结果：1、2、4、8、16、32、64……你能发现其中的规律吗？（答案请参见第160页。）

不断长高的金字塔

这个数列三角形可以不断地长高：我们能够不断增加新的行，但永远无法达到序列的终点！

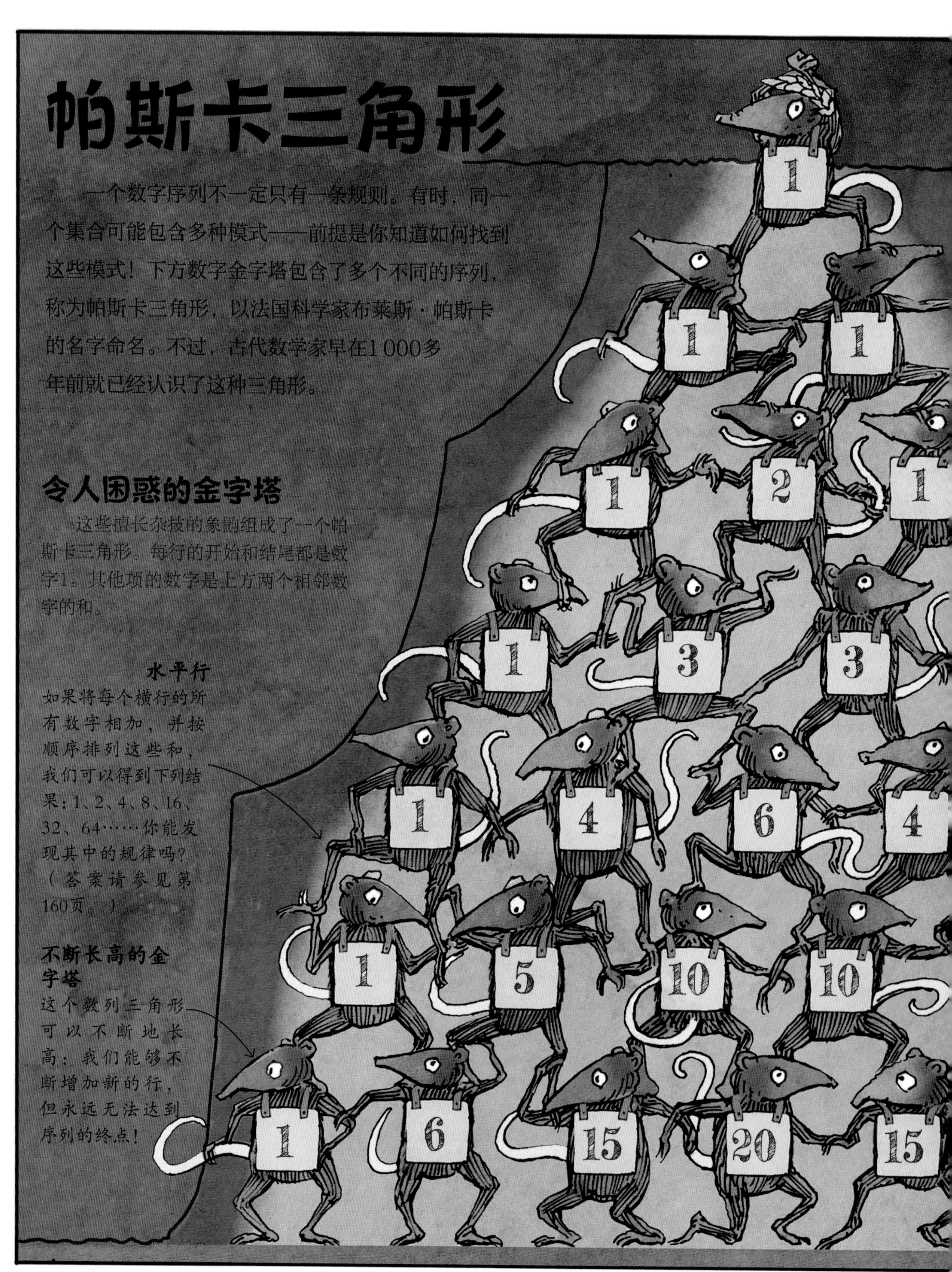

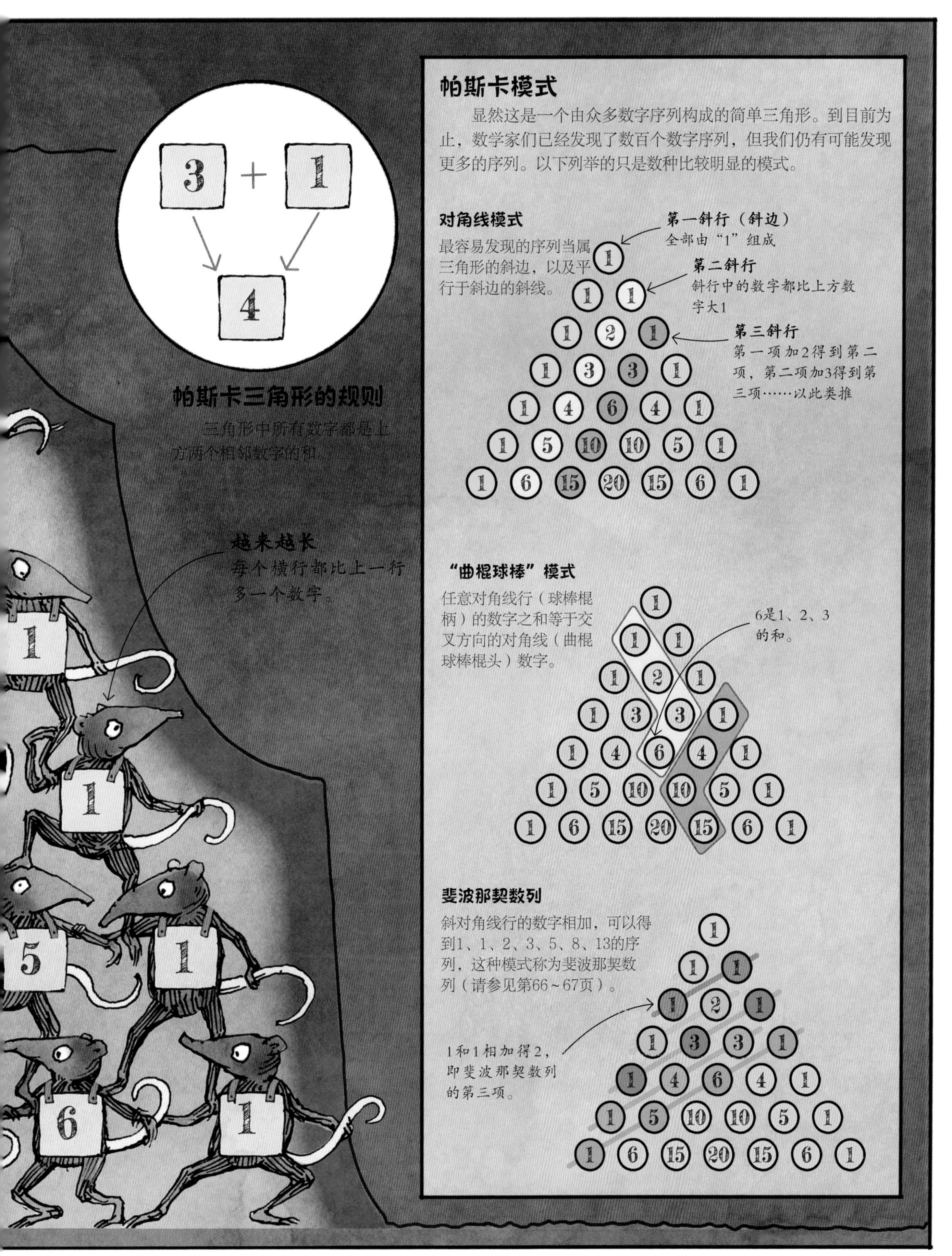

3 + 1
4
帕斯卡三角形的规则
三角形中所有数字都是上方两个相邻数字的和。
越来越长
每个横行都比上一行多一个数字。
1
1
5
1
6
1
帕斯卡模式
显然这是一个由众多数字序列构成的简单三角形。到目前为止，数学家们已经发现了数百个数字序列，但我们仍有可能发现更多的序列。以下列举的只是数种比较明显的模式。
对角线模式
最容易发现的序列当属三角形的斜边，以及平行于斜边的斜线。
第一斜行（斜边）
全部由“1”组成
第二斜行
斜行中的数字都比上方数字大1
第三斜行
第一项加2得到第二项，第二项加3得到第三项……以此类推
“曲棍球棒”模式
任意对角线行（球棒棍柄）的数字之和等于交叉方向的对角线（曲棍球棒棍头）数字。
6是1、2、3的和。
斐波那契数列
斜对角线行的数字相加，可以得到1、1、2、3、5、8、13的序列，这种模式称为斐波那契数列（请参见第66~67页）。
1和1相加得2，即斐波那契数列的第三项。

密码邀请函

披着斗篷的象鼩正在设置密码轮：内环的字母A对齐了外环的字母E。所以，在象鼩发出的这封信中，所有字母的顺序都相比字母表移动了4个位置。然后，密码信被送入了茫茫夜色中。

飞鸽传书

在猛犸上床睡觉的时候，这封密码邀请函发了出来。

TEVXC JSV
QEQQSXL
EX RSSR

密码信息

如果知道密码信的书写规则，你就可以破译信息。不过，对于不熟悉规则的人来说，这封信看起来就像胡言乱语。

密钥

想要解码信息，阅读者必须找出字母的对应规律，与象鼩最初书写的方式一样。

A=E

有用的密码轮

象鼩可以借助“将字母向前移动4位”的规则书写密码信息，密码轮可以帮助它们加快书写速度。

密码

密码是一种利用字母、数字或文字传递不同于字面的信息的系统。有时候，密码信息看起来好像杂乱无章，无法表达任何实际意义。不过，那些知道密码规则的人能够破解密码，读懂隐藏的信息。

恺撒密码

一项绝密计划正在酝酿之中。为了防止通信内容泄露，象鼩使用了一种称为恺撒密码或者恺撒位移的技术，即用“杂乱的”字母逐一替换字母表中的字母。相对简单的做法是将字母表中的字母移动一个或多个位置。例如，将字母表中的字母向前移动一位。这样，“a”将变成“b”，“b”将变成“c”……以此类推。象鼩还使用了密码轮来帮助书写秘密计划。

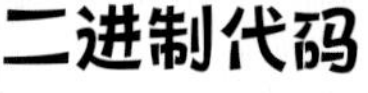

二进制代码

数字也可以用于编写代码。二进制代码只使用两个数字——0和1，可以利用成串的0和1表示所有字母、数字和符号。例如，字母A可以表示为二进制的0和1的组合，而计算机能够将接收到的二进制数字翻译成我们熟悉的字母和符号。

转轮
外环可以旋转，以方便象鼩重新设置转轮，改变字母的排列顺序。每次旋转都可以创造新的密码规则。
一一对应
在内环选择需要的“真实”字母，在纸上记录外环对应的字母。
密码轮
使用这个工具可以更方便地破译信息。象鼩们要做的就是根据密钥恰当地拨动密码轮。
派对时间！
密码已经成功破解，是时候庆祝了。同时，祝猛犸生日快乐！
猛犸派对
中午举行
解码信息
象鼩们设置好了密码轮，然后开始解码。依次从设备的外环寻找信中的字母，然后在纸上记录对应的内环字母。

地图、策略和移动

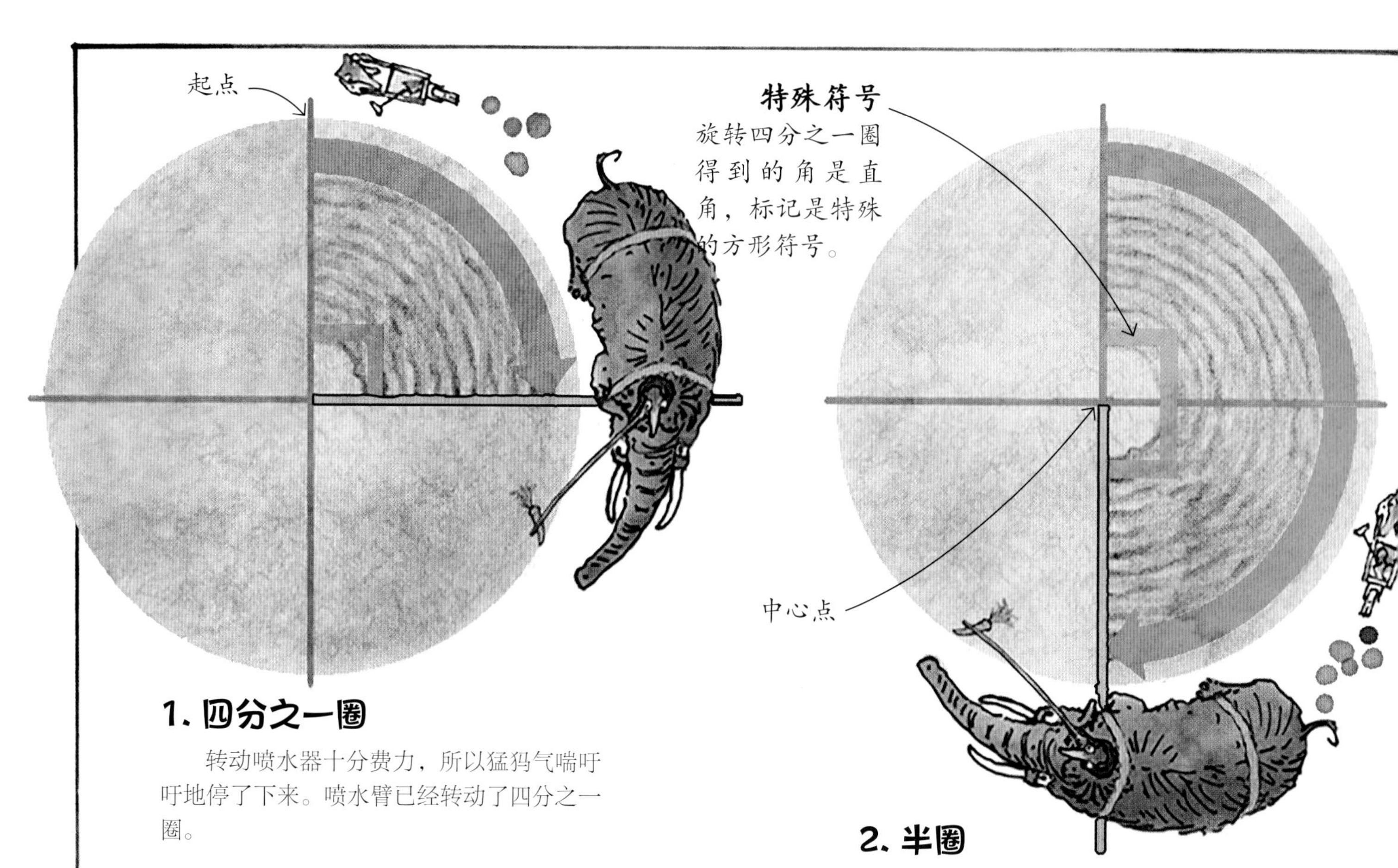

1. 四分之一圈

转动喷水器十分费力，所以猛犸气喘吁吁地停了下来。喷水臂已经转动了四分之一圈。

2. 半圈

转动半圈之后，喷水臂现在与起始位置形成了一条直线。此外，旋转半圈相当于旋转了两个四分之一圈，或者两个直角。

角

角可以描述事物从一个方向向另一个方向的旋转幅度，我们也可以把角看作某物围绕固定中心点旋转的幅度，非常适合测量两条线相交的空间。

变化的角

象鼩建造了专门的浇水装置，用来浇灌种植胡萝卜的菜地。一头猛犸拉着安装了喷头的一根木棍旋转。猛犸绕着装置（如同固定的中心点）环形移动，形成了不同大小的角。

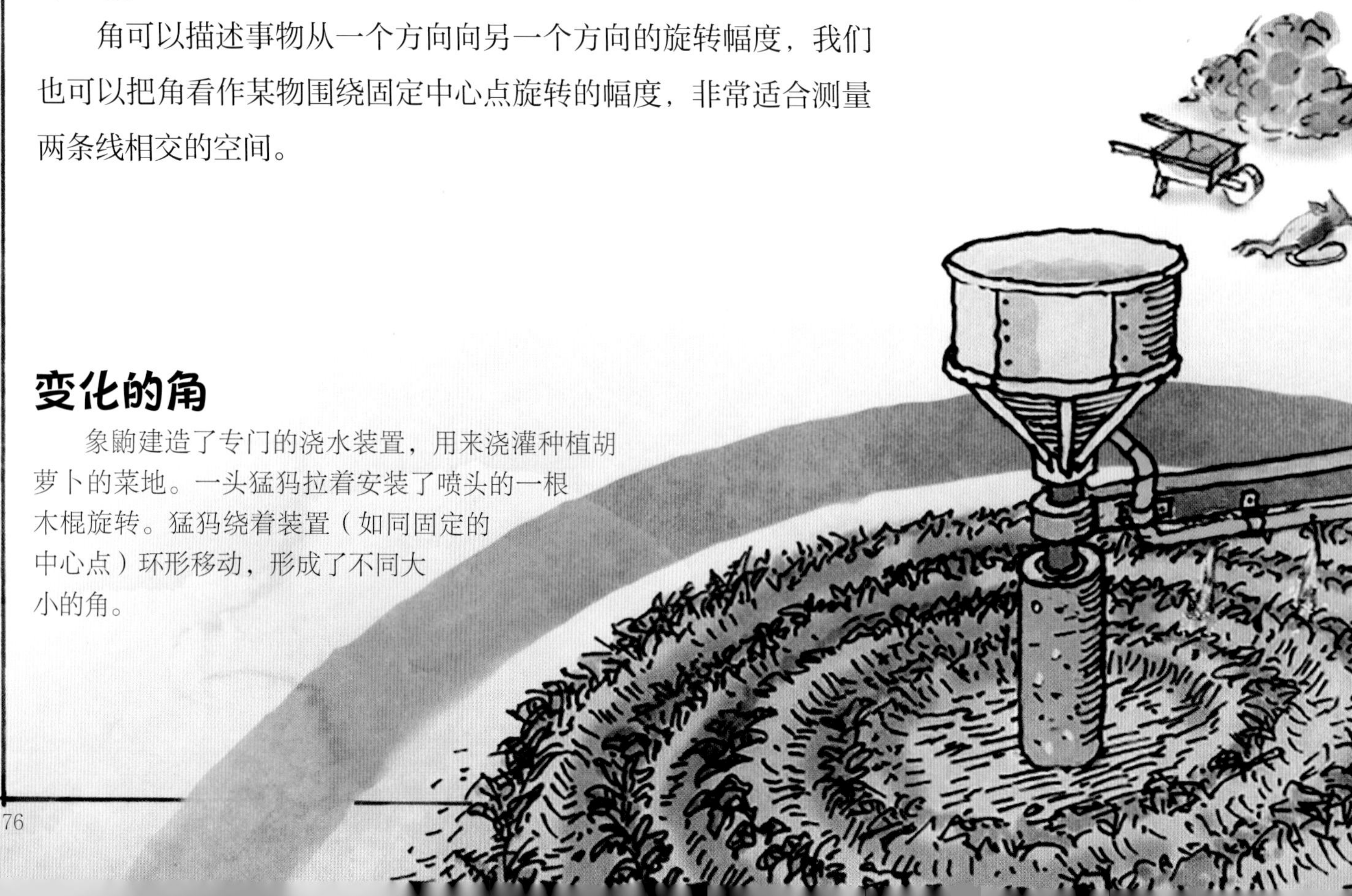

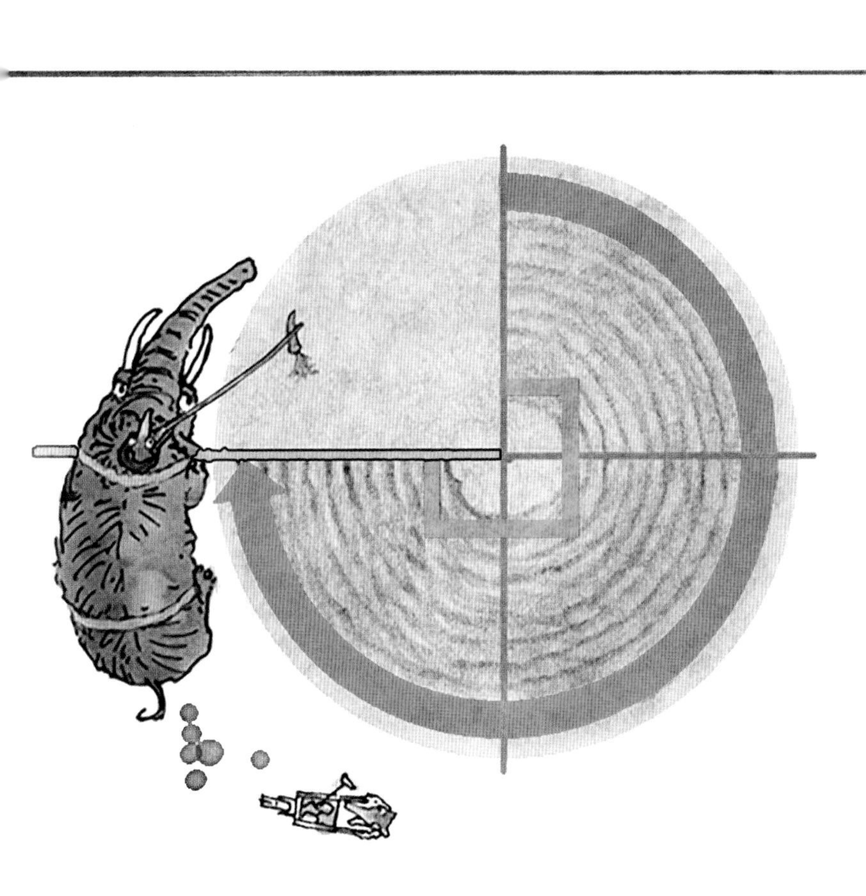

3. 四分之三圈

快到了！猛犸又转了四分之一圈，不得不再次停下来休息。喷水臂已经转了四分之三圈。

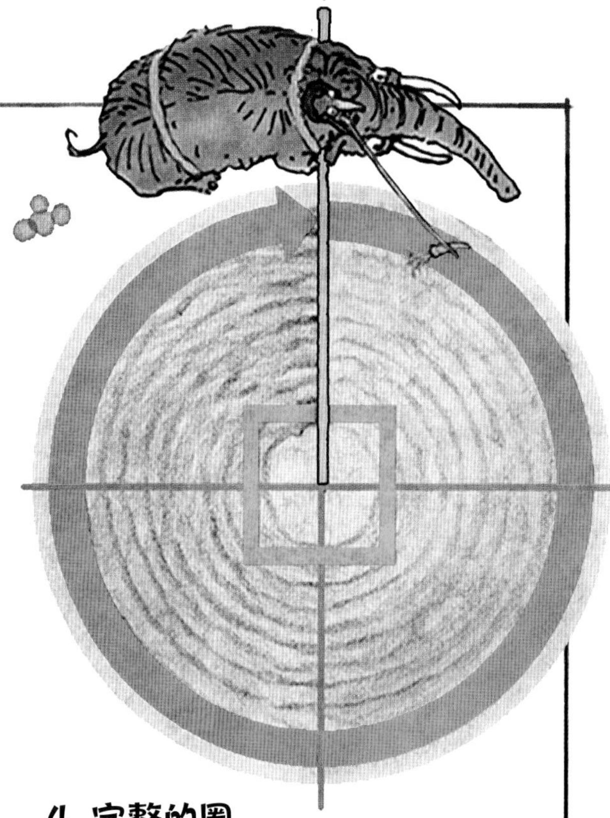

4. 完整的圈

工作完成了！猛犸现在已经转了整整一圈，喷头回到了起点。换句话说，猛犸又转了四分之一圈，完成了一个整圈。

用度数表示

度数是衡量角大小的单位，写作右上角的小圆圈符号：°。将一个圆平均分为360份，1份就是1度。所以，1度等于$\frac{1}{360}$圈。四分之一圈（直角）是90度，半圈是180度。

360度相当于一个完整的圆

0°

360°

90°

180°

270°

这是1度

角的类型

我们可以测量在顶点相遇的任意两条线之间的角度。相遇的两条线称为角的边，我们用一条称为弧的弧线来标记两条线之间的角度。此外，我们还根据角的大小命名了一些最重要的特殊角。

角的边

躺椅的座椅和靠背形成了一个夹角。

锐角

首先，猛犸抬起靠背，与座椅形成了一个小于90度的角，此类角称为锐角。与座椅呈锐角的靠背显然并不舒服，因为猛犸无法靠在上面！

使用量角器

量角器是一种相对精确的角度测量工具。量角器标注了两套刻度：外侧刻度适合顺时针测量，内侧刻度适合逆时针测量。

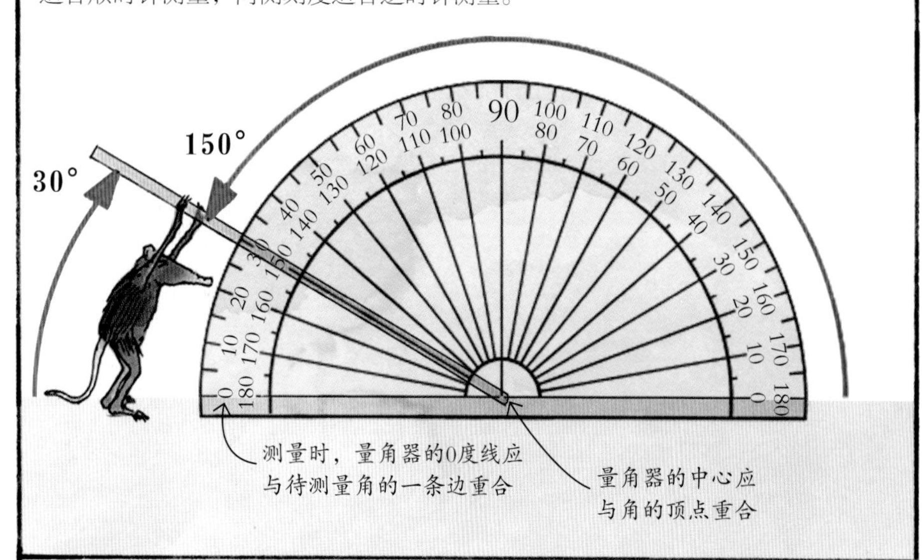

角度的困扰

这头猛犸拎了一把躺椅，想在明媚的阳光下打个盹。但是，它遇到了一个难题：将靠背展开到多大的角度最合适呢？猛犸做了不同的尝试，将靠背展开成4种不同的角度。但是，哪种角度让猛犸感觉最舒服呢？

直角

猛犸继续展开靠背，但现在的感觉仍然不够舒服！躺椅形成了一个90度的角，称为直角。

钝角

这样的感觉好多了。现在，靠背展开的角度大于90度但小于180度。此类角称为钝角。

优角

靠背展开的角度太大了！猛犸将靠背展开到了座椅下方，形成了一个大于180度的角。此类角称为优角。

不对称性

有些形状没有对称轴，称为非对称形状。这棵树就是一个非对称形状，因为在任何位置画线都无法形成镜像。

反射对称

猛犸借助镜子获得了一个对称的形状。镜子边缘构成了一条对称轴，对称轴把猛犸的形状分成了完全相同的两半，也就是说两半可以完全贴合。

对称

如果在某个形状或物体上画一条线可以将其分为两个完全相同且互为镜像的半边，那么这个形状或物体具有对称性。镜像对称也称反射对称。不过，形状也可以具有其他类型的对称。如果一个形状围绕中心点旋转一定角度后可以与原来的轮廓重合，那么该形状具有旋转对称性。

自然界的对称性
蝴蝶的翅膀互为镜像，所以蝴蝶有一条对称轴。

发现对称性

要想确定一个形状是否反射对称，可以想象着把这个形状折成两半。如果该形状是对称的，两半将完全贴合。要确定某个形状是否旋转对称，我们可以想象着让它围绕一个中心点或轴转动。在旋转一整圈之前完全贴合原始轮廓的次数称为该形状的旋转对称阶。

四分之一圈
这个形状每转四分之一圈，就可以完全贴合原来的轮廓。

旋转对称

微风吹拂着象鼩的风车不断旋转。每旋转四分之一圈，风车就可以与原来的轮廓完全重合；每旋转一圈，风车可以与原来的轮廓完全贴合4次，所以我们称风车为4阶旋转对称。

对称轴

下方的平面形状已经画出了对称轴。对称轴可以有一条、两条或者更多。圆是一种十分独特的形状，因为任何穿过圆中心点（圆心）的线都是对称轴，所以圆有无数条对称轴。

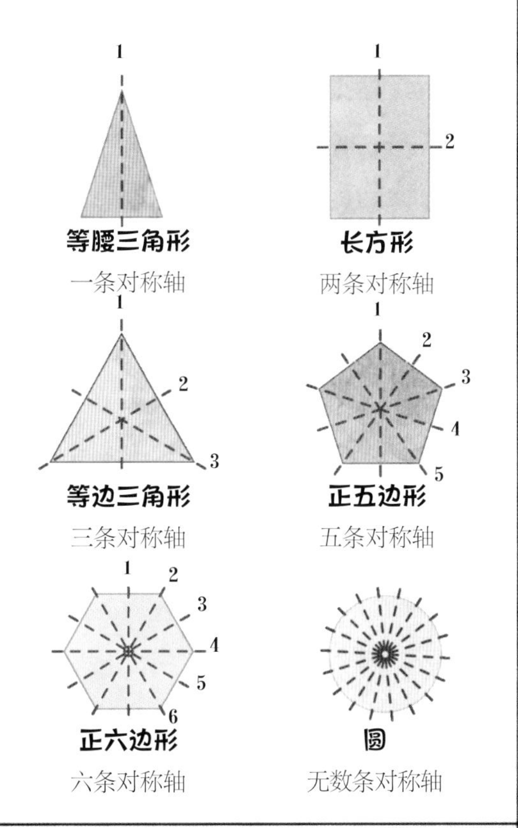

1. 平移

将物体移动到新的位置而不改变形状或大小的现象叫作平移。猛犸跳到了空中，同时保持着相同的姿态，展示了形状的一种平移方式。

2. 镜射

如果物体移动并变成了原物体的一个新镜像，这种变换称为镜射。图中，在反射直线两侧的猛犸和镜子中的形状互为镜像。

变换

在数学中将形状大小或位置的改变称为变换。形状的变换方式很多，其中平移、镜射和旋转是最常见的三种变换。在练习优雅的回旋动作时，这头猛犸舞蹈家展示了上述三种变换。

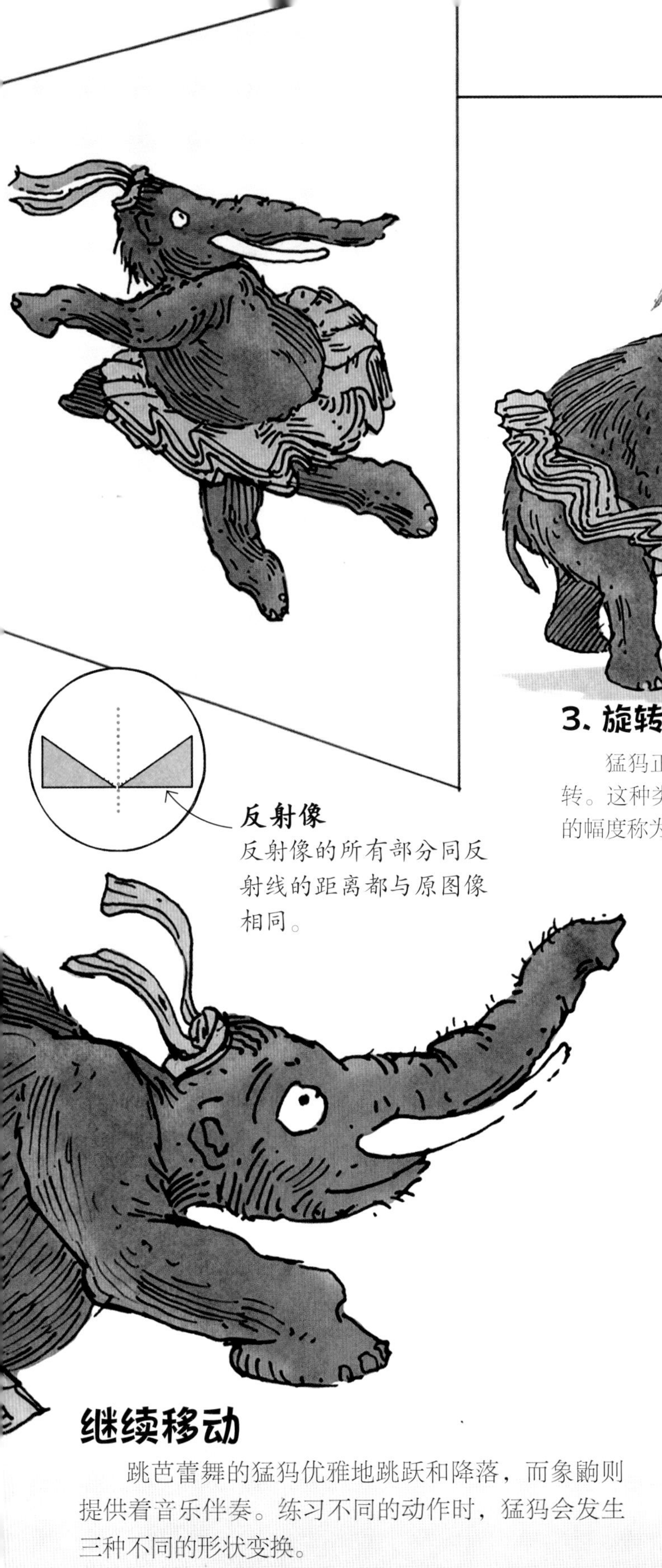

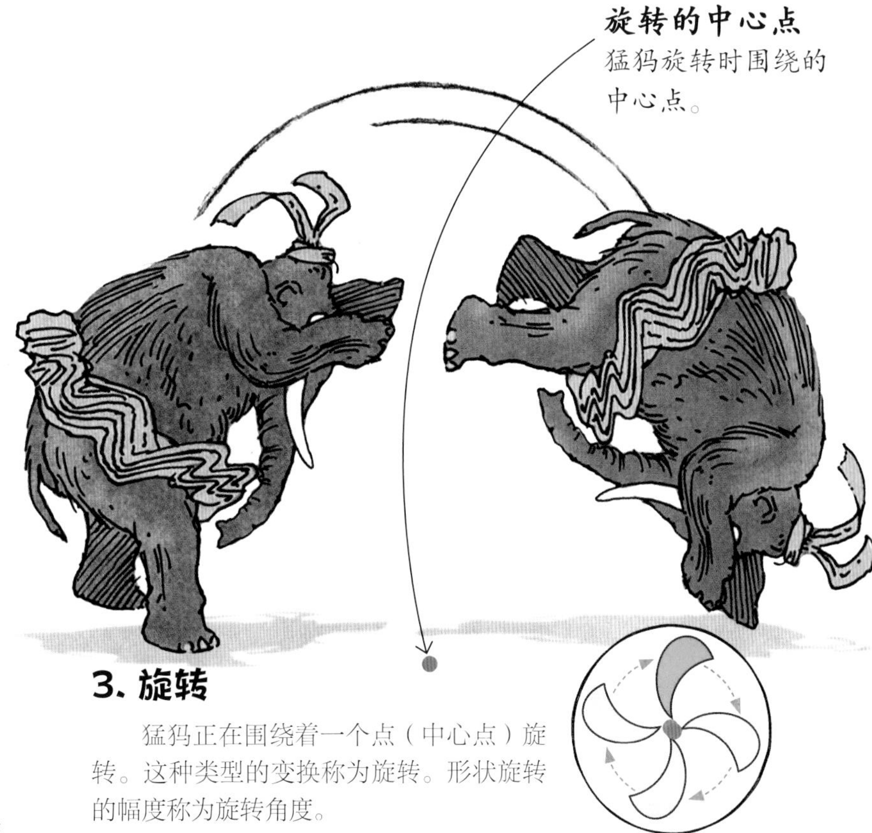

反射像
反射像的所有部分同反射线的距离都与原图像相同。

3. 旋转

猛犸正在围绕着一个点（中心点）旋转。这种类型的变换称为旋转。形状旋转的幅度称为旋转角度。

密铺

平移可以用来制作“密铺”的图案。这种图案由相同的形状组成，形状之间没有空隙，也没有重叠。三角形、四边形和六边形是常见的密铺形状。密铺形状也可以称为棋盘格局，排列这些形状的过程称为平铺。图中，红色和白色的猛犸按角线平移，从而紧密铺嵌在一起。

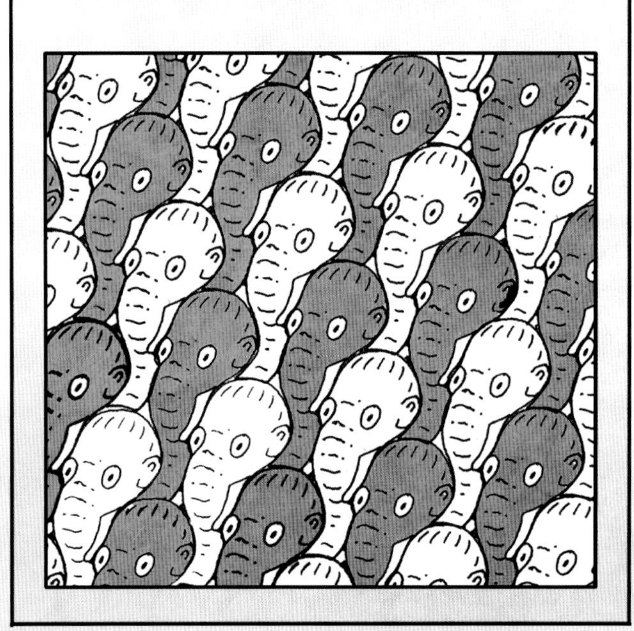

继续移动

跳芭蕾舞的猛犸优雅地跳跃和降落，而象鼩则提供着音乐伴奏。练习不同的动作时，猛犸会发生三种不同的形状变换。

地图

猛犸正在和象鼩进行一次探险，它们想要前往一块著名的农田，亲眼看看那里种植的最大的巨南瓜。之所以称为探险，是因为它们必须避开沿途的危险，例如沼泽、采石场和浑浊的湖泊。不过，一张地图可以帮助猛犸和象鼩。当然，它们还需要使用地图的技巧。

地图的原理

地图被网格分割成了同等大小的方格，这些方格添加了水平和垂直标记，因此所有方格都获得了字母和数字组合的独特名称——方格的坐标。

横轴
顶行和底行的网格添加了字母标记。
读取坐标
要找出特定方格的坐标，我们首先查看横轴，然后寻找纵轴对应的标记。例如，这个方格的坐标是E2。
马上落地！
象鼩的目的地是南瓜田，它们需要的坐标是多少？
B
C
D
E
F
G
H
I
J
1
2
3
4
5
6
7
8
9
10
I
J
羊毛树林
乳齿象高速
草原
石英采石场
泥泞沼泽
猛犸的巨幅地图
这张巨幅地图标记的地点与实际大小相同，看起来十分方便，但很不容易携带。所以，猛犸需要一张按比例缩小的地图。翻开下一页，了解如何绘制地图。

地图比例尺

一张实际大小的地图并不实用，因为太大的地图既不容易携带，也不方便使用！所以，在地图上标记的都是按比例缩小的真实地点，地点之间的距离也缩小了相同的比例。总之，地图就是真实地点的微缩模型——压扁了的平面模型。

确定南瓜田的位置

象鼩与朋友相约在南瓜田相见，这些喜欢极限探险的朋友将乘着降落伞空降目的地。地图显示的南瓜田位置与第84页和第85页的地图相同，但显然已经按比例缩小了（请参见第54～55页）。在象鼩的地图上，南瓜田占据了完整的一个方格，测得宽度为1厘米（而测量的实际宽度为10米）。

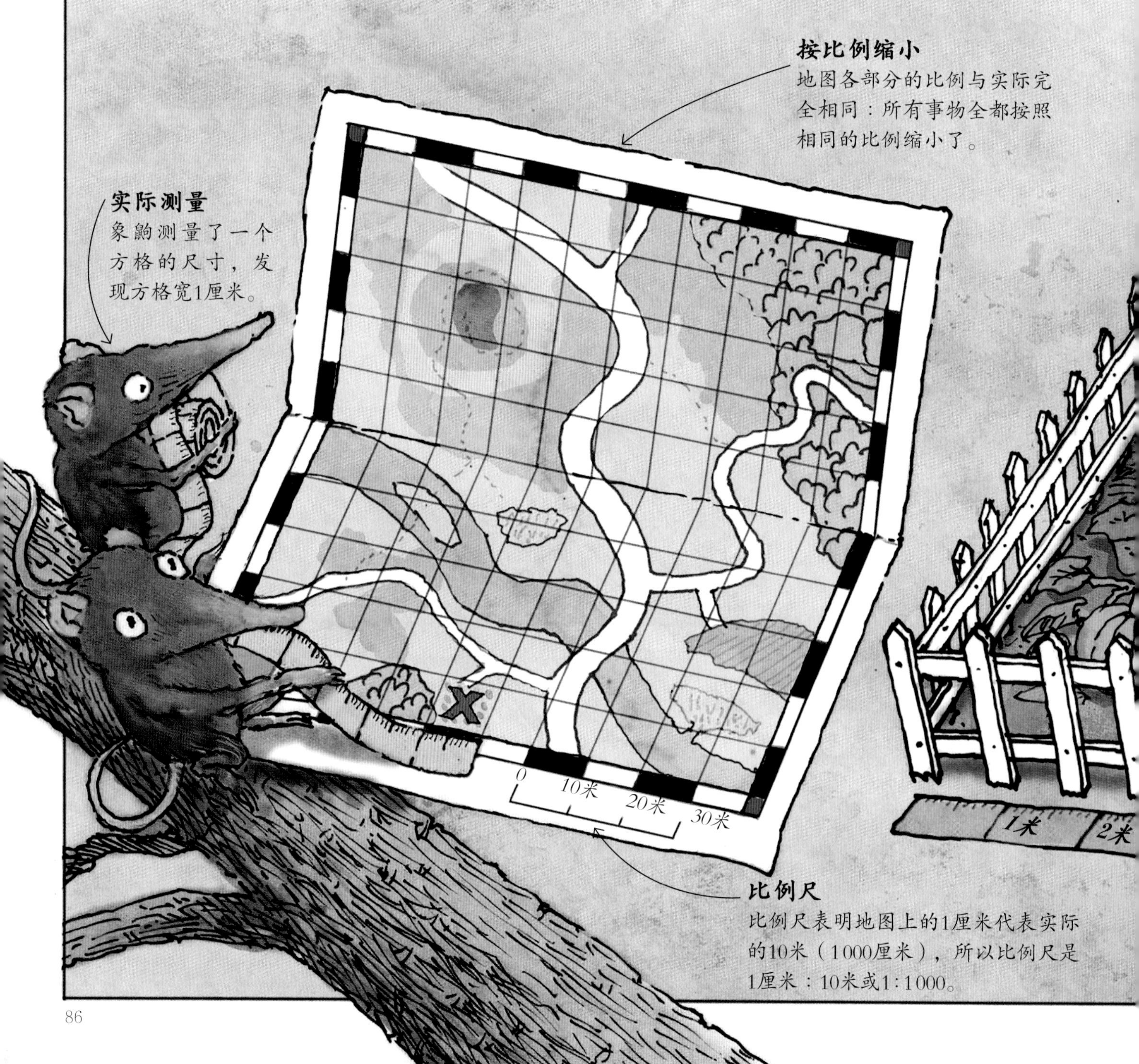

按比例缩小
地图各部分的比例与实际完全相同：所有事物全都按照相同的比例缩小了。

实际测量
象鼩测量了一个方格的尺寸，发现方格宽1厘米。

比例尺
比例尺表明地图上的1厘米代表实际的10米（1000厘米），所以比例尺是1厘米：10米或1:1000。

选择比例尺

地图的比例尺通常写作一个比例，可以标明1个地图距离单位相当于多少个现实的距离单位。不同地图使用的比例尺不尽相同，主要取决于地图需要显示的范围。大比例尺的地图，例如象鼩的地图（比例尺为1厘米：10米），可以显示更多细节，但覆盖的区域相对较小。比例尺较小的地图，例如图示的两张地图，可以显示更大的面积，但也会缺失部分细节。

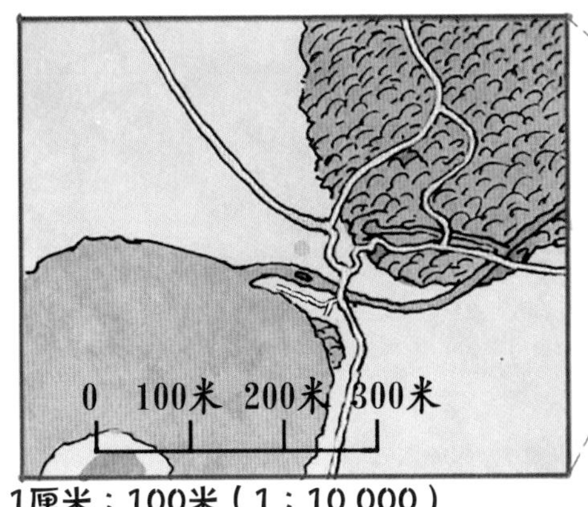

1厘米：100米（1：10 000）

象鼩无法直观地看到南瓜田（南瓜田可能就是一个点）。现在，我们可以在湖和森林之间的位置找到南瓜田。

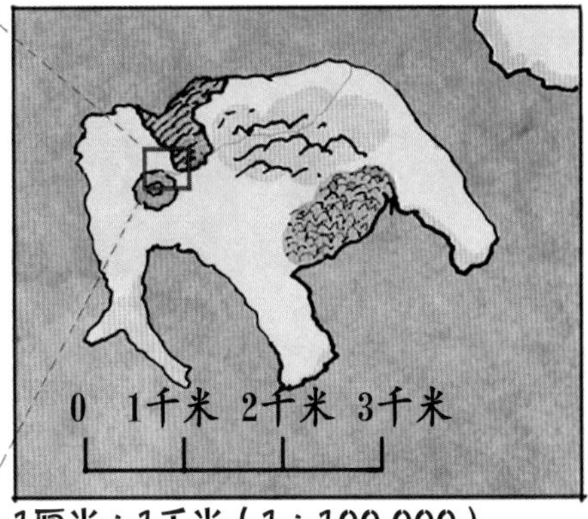

1厘米：1千米（1：100 000）

这张地图上，1厘米代表1千米。使用这个比例尺的地图可能无法显示很多细节，但能够囊括整座岛屿，让岛屿的轮廓一览无余。

南瓜田
宽10米

使用指南针

快乐的野餐时间！不过，猛犸能找到野餐围场吗？如果遇到了不知选择哪个方向的岔路口，指南针或许能够提供帮助。指南针可以借助磁性指针指示北方。而且，确定北方之后，我们就可以轻松确定所有其他方向。

寻找方向

指南针以角度的方式显示方向，称为方位。方位是以北（0度）为起点顺时针测得的角度。无论我们面向哪个方向，指南针的指针总是指向北方。要利用指南针指示方向，我们需要首先让指针与刻度盘表示北向的“北”（或N）对齐。

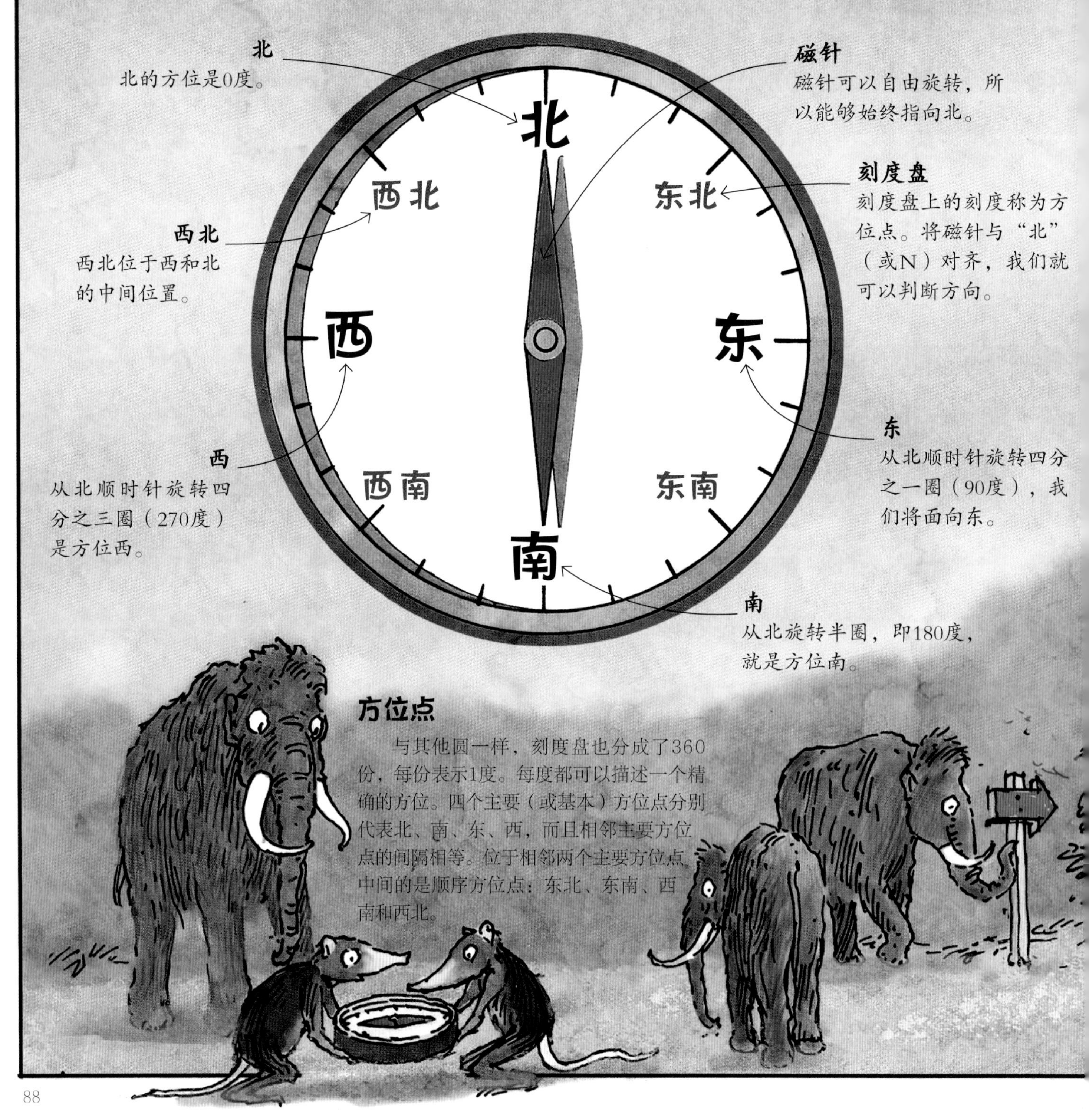

方位点

与其他圆一样，刻度盘也分成了360份，每份表示1度。每度都可以描述一个精确的方位。四个主要（或基本）方位点分别代表北、南、东、西，而且相邻主要方位点的间隔相等。位于相邻两个主要方位点中间的是顺序方位点：东北、东南、西南和西北。

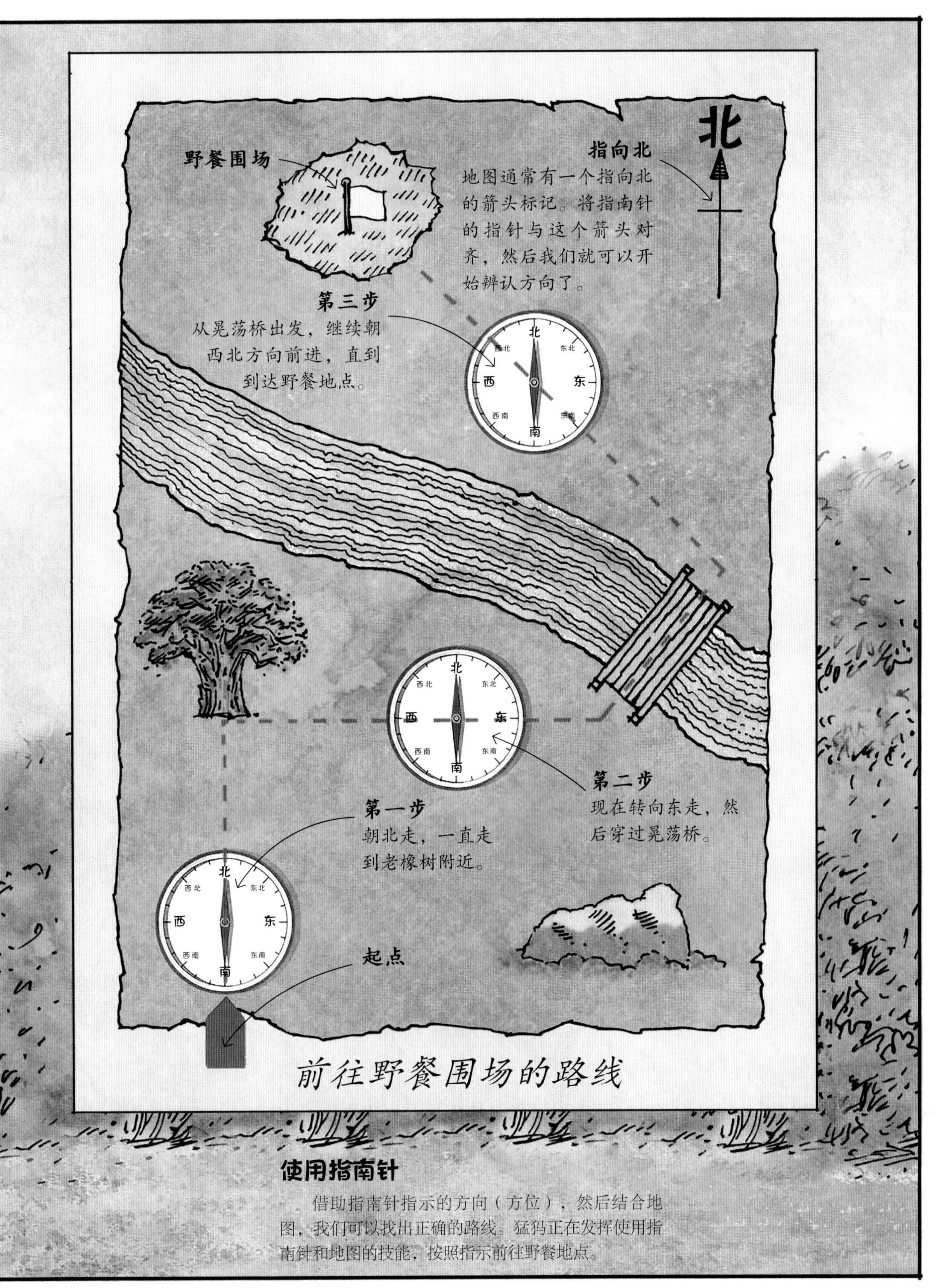

使用指南针

借助指南针指示的方向（方位），然后结合地图，我们可以找出正确的路线。猛犸正在发挥使用指南针和地图的技能，按照指示前往野餐地点。

好玩儿的迷宫

象鼩们走进了一个巨大的迷宫。迷宫其实是一种数学谜题，其中包括许多曲折的道路、让人头疼的岔路和死胡同。想要走出迷宫，象鼩必须保持头脑清醒，在一团乱麻的岔路中找出正确的路线！

猛犸迷宫

你能找到正确的路线，穿越这座宏伟的猛犸迷宫吗？首先，你要抵达迷宫中心的象鼩雕像，然后继续寻找通往出口的路线。没有什么可以利用的秘密方法，想要走出迷宫，我们需要的是不断地试验和排除错误路线。记住曾经遇到的死胡同会提供帮助，最少能够让我们避免两次踏入相同的陷阱！

答案请参见第160页。

迷宫和网络

为了帮助找到走出迷宫的路线，我们可以把迷宫描绘成一个网络。例如，下面的简化图显示了迷宫不同部分相互连接的方式。

步骤1

用点标记所有的岔路口（可以选择不同道路的位置）和死胡同，为每个标记点选择一个字母。最后，连接所有的点，以显示不同的路线。

正确的路线

根据图示，到达A点后，正确的路线应该是前往C点，因为B是一条死胡同。

步骤2

现在写下字母，用直线连接它们，取代迷宫曲折的道路。最终，迷宫可以简化成一张图，帮助我们快速寻找从起点到终点的正确路线。

神奇的形状

竹制建材

象鼩正在用竹子搭建包含了不同线条的结构。天气炎热，猛犸搬运了大量的竹竿，现在它们需要找一个阴凉的地方，好好休息一会儿。

不平行

如果两条直线不平行，则意味着两条直线之间的距离不相同。换句话说，延长两条不平行的直线，它们必然在某个位置相交。

线条

所有人都知道什么是线条。但是，在数学中，线条用于描述连接两点的事物，连接线可以是直线，也可以是曲线。直线可以指向任意方向。注意，数学中的线条只有长度，没有高度或厚度。

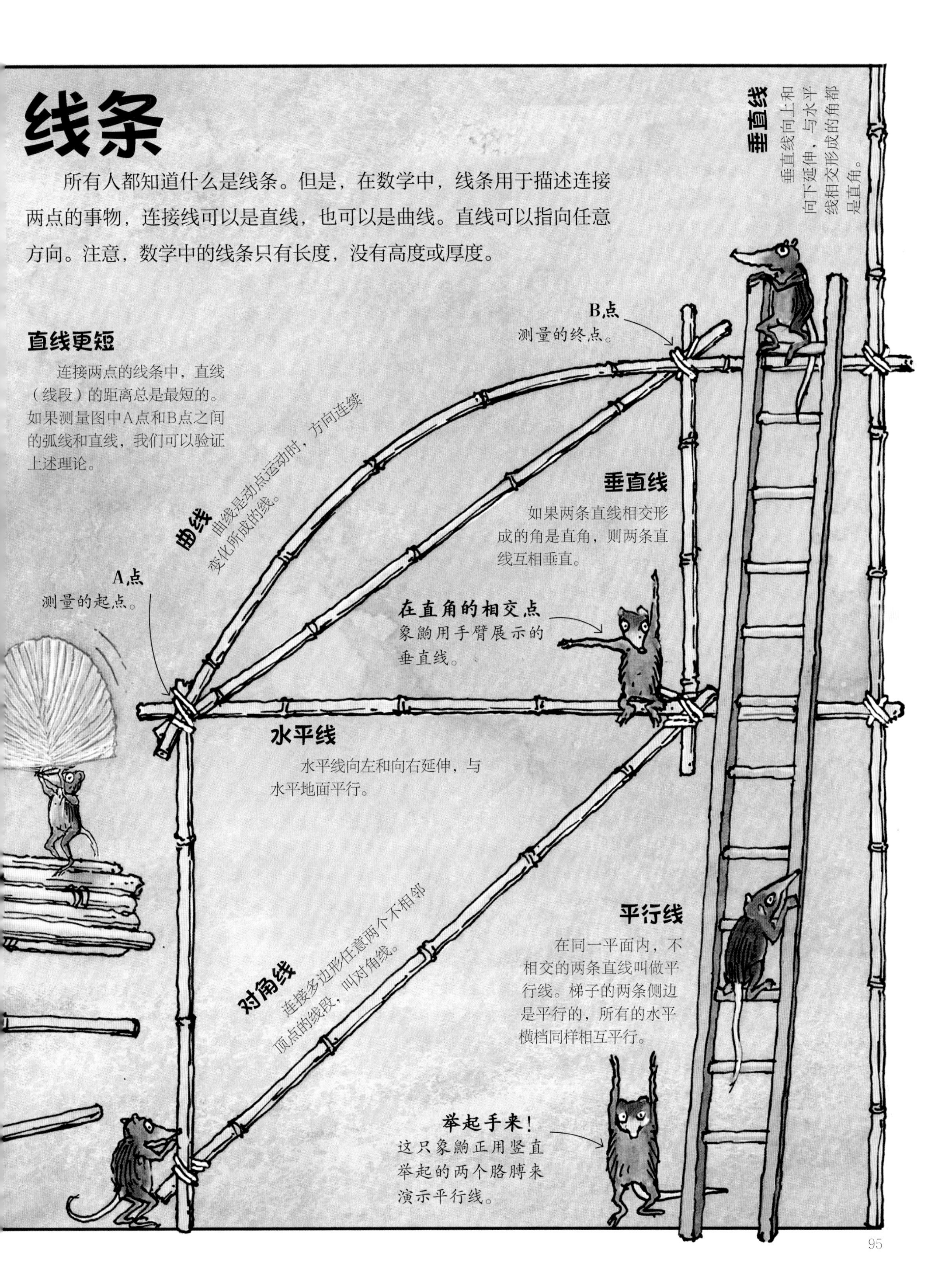

规则的多边形

在规则形状房间里，所有多边形都具有相等的边和角。特定边数的规则多边形有且只有一种形状：即使改变了尺寸，这种多边形的形状始终保持不变。

以数字命名

多边形的英文名称源于表示角数的希腊词语。例如，五角形（五边形）的意思是“五个角的”。

正方形

正四边形就是我们熟悉的正方形。

平面形状

平面形状也称二维形状，即具有长度和宽度但没有厚度（高度）的形状。平面形状可以由直边或曲边或者两者的组合构成，全部由直边构成的形状称为多边形。图中的猛犸餐厅里摆满了多边形。

边和角

包括规则以及不规则多边形，所有多边形边和角的数量都相同：有多少条边就有多少个角。

三人桌？

在这间深受欢迎的猛犸餐厅里，所有餐桌都具有多边形的桌面——直边组成的平面形状。猛犸可以选择在普通房间用餐，那里的桌子都是规则的多边形，或者在不规则房间用餐。不规则形状的桌子更靠近乐队所在的位置，但不规则形状的桌子可能给座位安排带来麻烦！

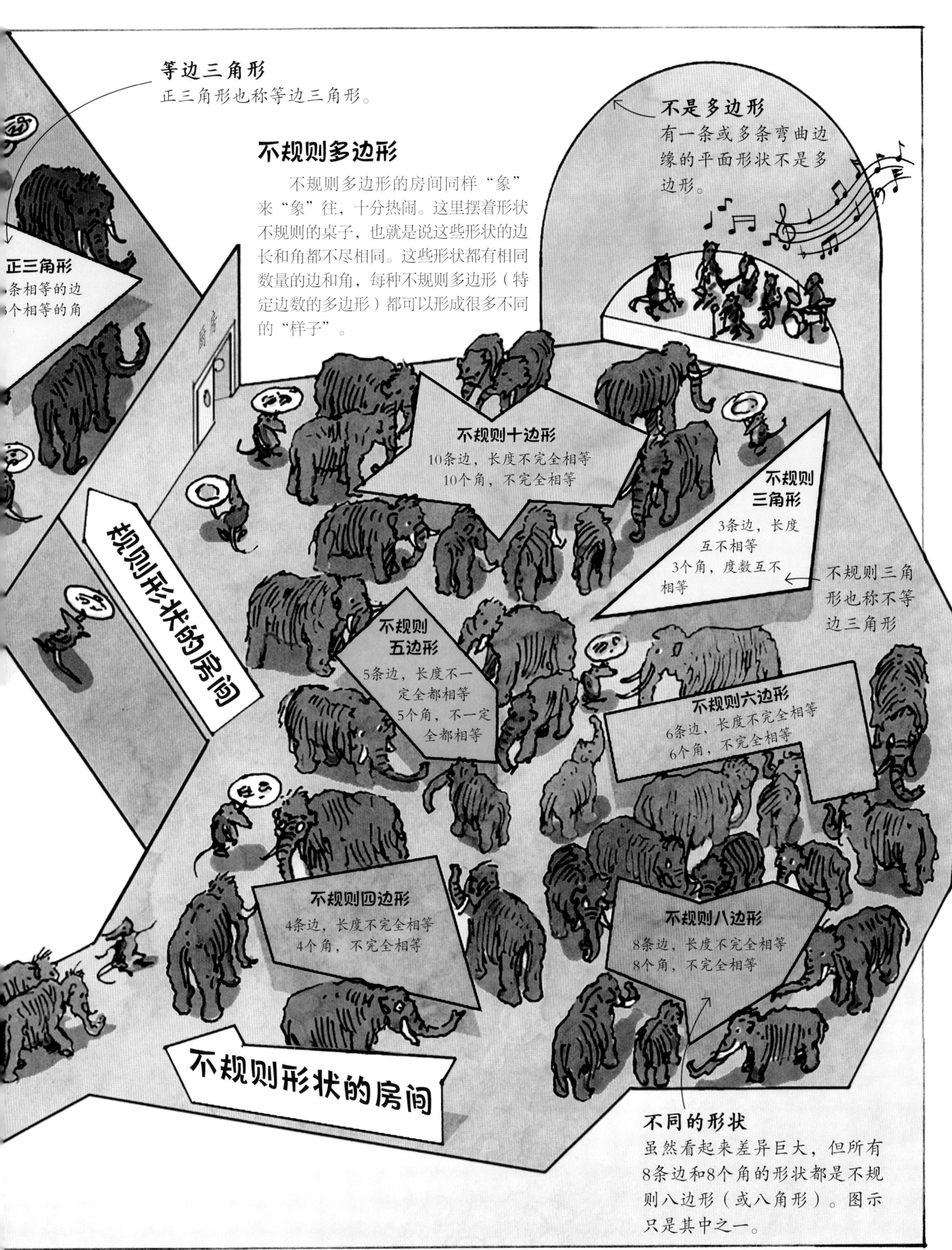
等边三角形
正三角形也称等边三角形。
不是多边形
有一条或多条弯曲边缘的平面形状不是多边形。
不规则多边形
不规则多边形的房间同样“象”来“象”往，十分热闹。这里摆着形状不规则的桌子，也就是说这些形状的边长和角都不尽相同。这些形状都有相同数量的边和角，每种不规则多边形（特定边数的多边形）都可以形成很多不同的“样子”。
正三角形
条相等的边
个相等的角
厨房
不规则十边形
10条边，长度不完全相等
10个角，不完全相等
不规则三角形
3条边，长度互不相等
3个角，度数互不相等
不规则三角形也称不等边三角形
规则形状的房间
不规则五边形
5条边，长度不一定全都相等
5个角，不一定全都相等
不规则六边形
6条边，长度不完全相等
6个角，不完全相等
不规则四边形
4条边，长度不完全相等
4个角，不完全相等
不规则八边形
8条边，长度不完全相等
8个角，不完全相等
不规则形状的房间
不同的形状
虽然看起来差异巨大，但所有8条边和8个角的形状都是不规则八边形（或八角形）。图示只是其中之一。

三角形

三角形有3条边，3个角，还有3个顶点，属于由直边组成的平面形状，也是一个多边形，而且是所有多边形中边数最少的形状。三角形主要分为4类，我们可以在猛犸脚下的桥梁三角形支架中找到它们。

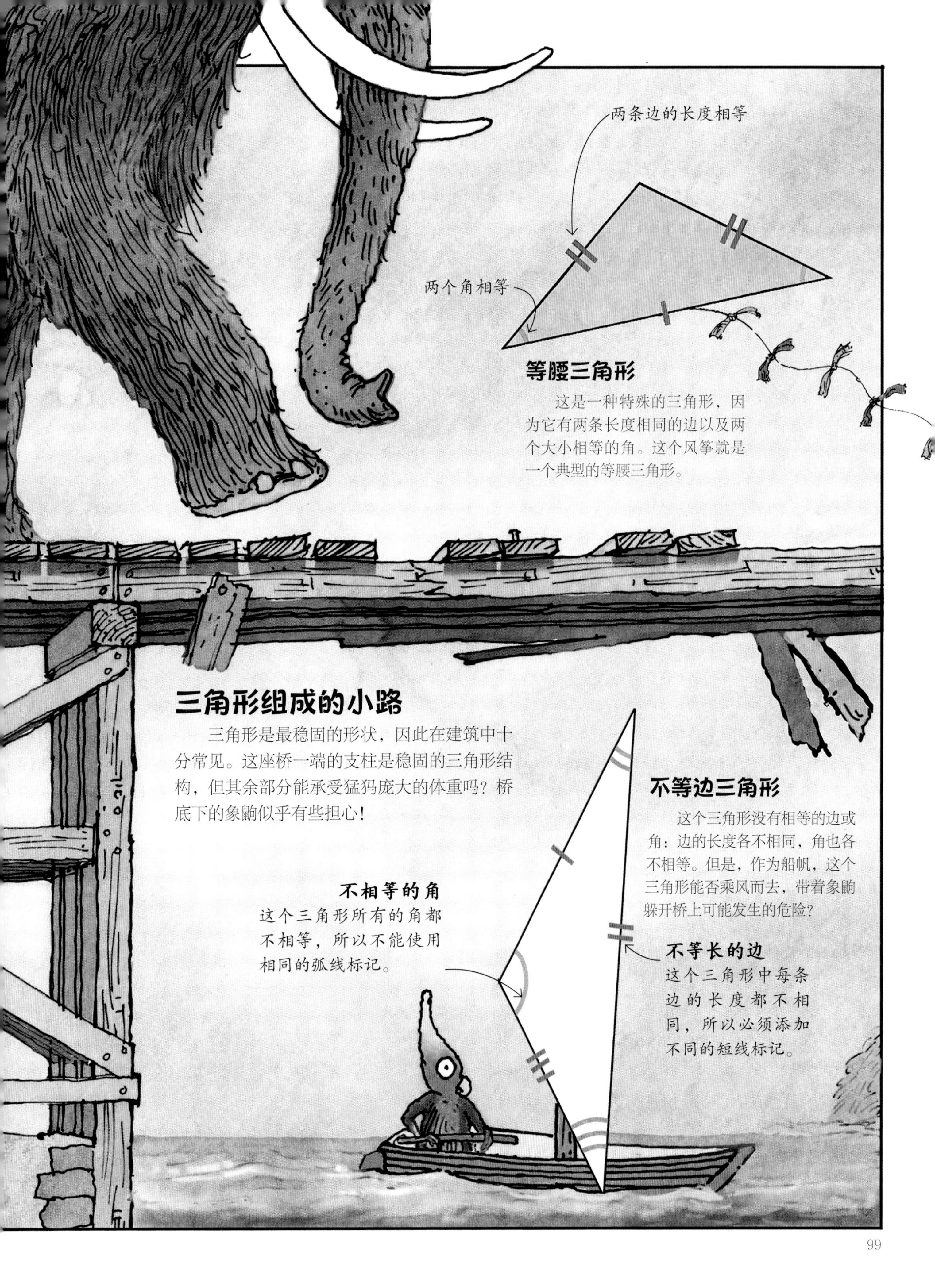
两条边的长度相等
两个角相等
等腰三角形
这是一种特殊的三角形，因为它有两条长度相同的边以及两个大小相等的角。这个风筝就是一个典型的等腰三角形。
三角形组成的小路
三角形是最稳固的形状，因此在建筑中十分常见。这座桥一端的支柱是稳固的三角形结构，但其余部分能承受猛犸庞大的体重吗？桥底下的象鼩似乎有些担心！
不等边三角形
这个三角形没有相等的边或角：边的长度各不相同，角也各不相等。但是，作为船帆，这个三角形能否乘风而去，带着象鼩躲开桥上可能发生的危险？
不相等的角
这个三角形所有的角都不相等，所以不能使用相同的弧线标记。
不等长的边
这个三角形中每条边的长度都不相同，所以必须添加不同的短线标记。

测量一头猛犸

测量高大物品的高度可能并不容易。不过，象鼩们想出了一个聪明的解决办法。只需要一张正方形的硬纸片、一把卷尺以及一头非常耐心的猛犸，当然还需要一些三角形知识，它们就能轻松量出猛犸的高度。

45°

45°

90°

这两条边相互垂直，而且长度相等

三角形技巧

象鼩们竟然在无须离开地面的情况下准确量出了猛犸的身高，它们是怎么做到的？它们使用了三角形！因为象鼩们知道，如果一个直角三角形中有两个角相等，那么这个三角形肯定有两条长度相等的边。利用猛犸的鼻子制作一个三角形，象鼩可以沿地面测量一条直角边的长度，然后就能够确定从地面到猛犸头顶的高度。

1. 制作测量器

象鼩找了一张正方形硬纸板，对折并形成了一个特殊的直角三角形（另外两个角同为45度的等腰直角三角形）。所以，象鼩获得了一个方便的工具来确定45度角。

2. 猛犸定位

接下来，象鼩礼貌地要求猛犸伸直鼻子。借助固定在平坦地面的三角形纸板，象鼩让猛犸头顶到地面的垂线与伸直的鼻子形成了完美的45度夹角。

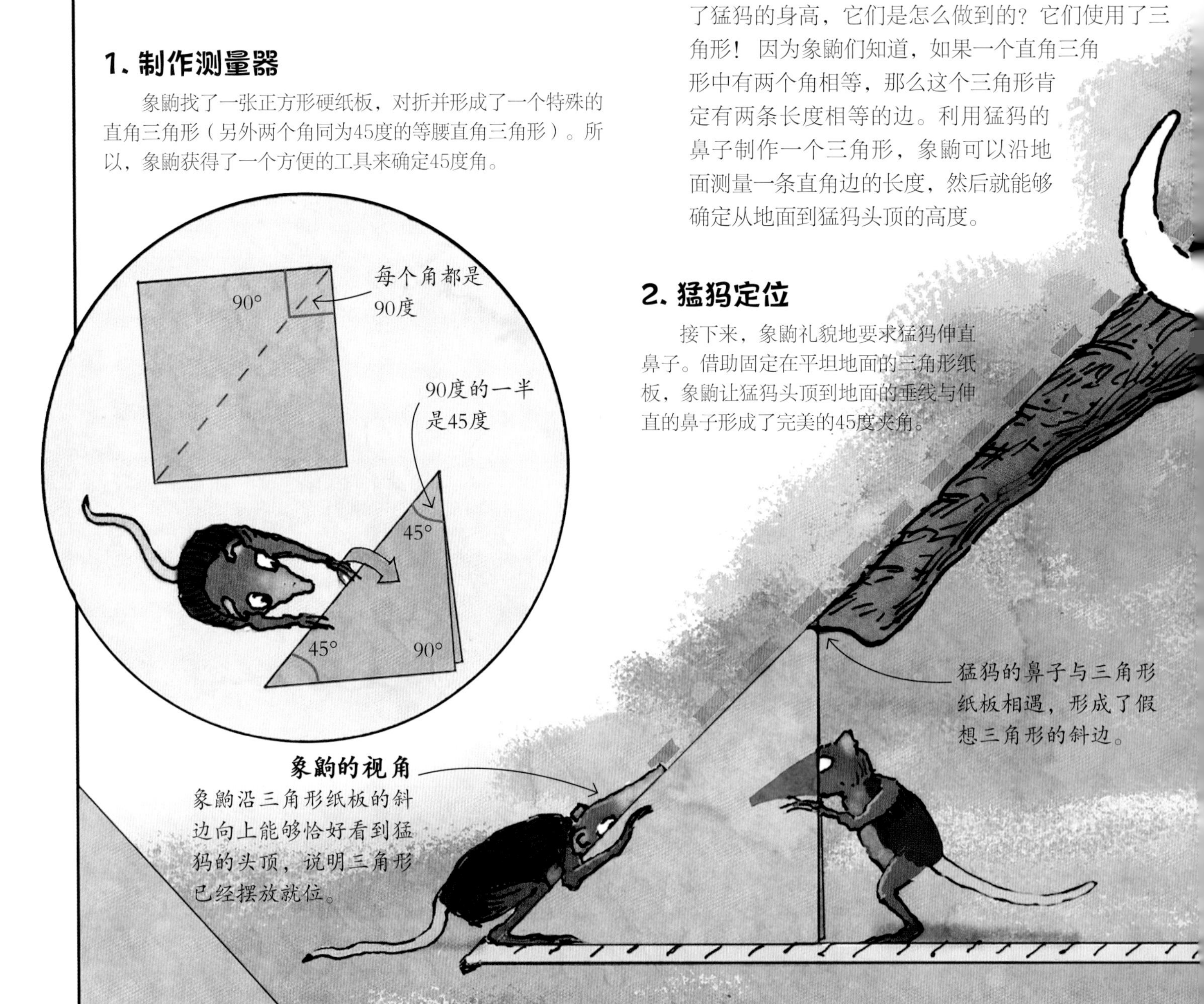

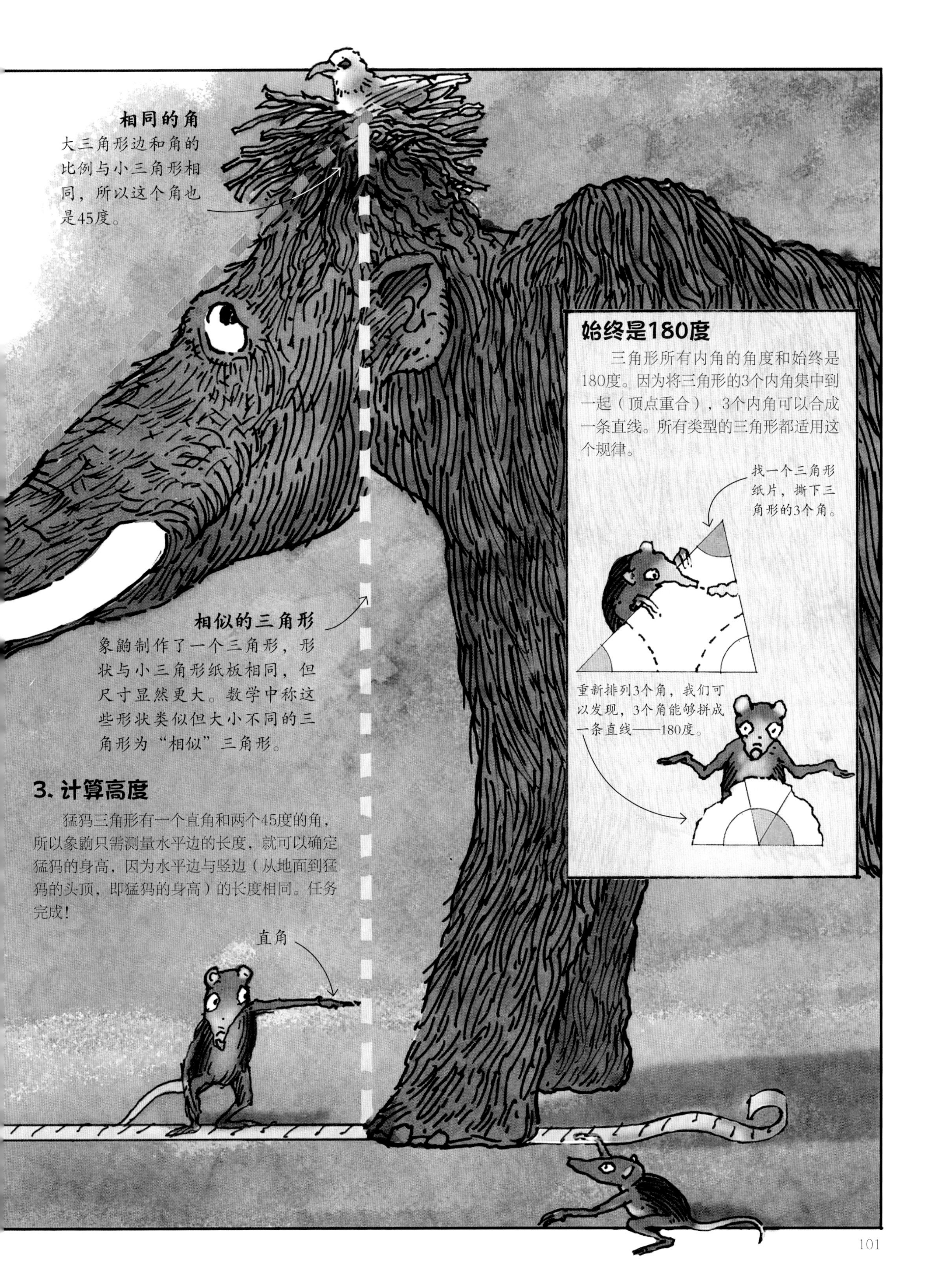

相同的角

大三角形边和角的比例与小三角形相同，所以这个角也是45度。

相似的三角形

象鼩制作了一个三角形，形状与小三角形纸板相同，但尺寸显然更大。数学中称这些形状类似但大小不同的三角形为“相似”三角形。

3. 计算高度

猛犸三角形有一个直角和两个45度的角，所以象鼩只需测量水平边的长度，就可以确定猛犸的身高，因为水平边与竖边（从地面到猛犸的头顶，即猛犸的身高）的长度相同。任务完成！

始终是180度

三角形所有内角的角度和始终是180度。因为将三角形的3个内角集中到一起（顶点重合），3个内角可以合成一条直线。所有类型的三角形都适用这个规律。

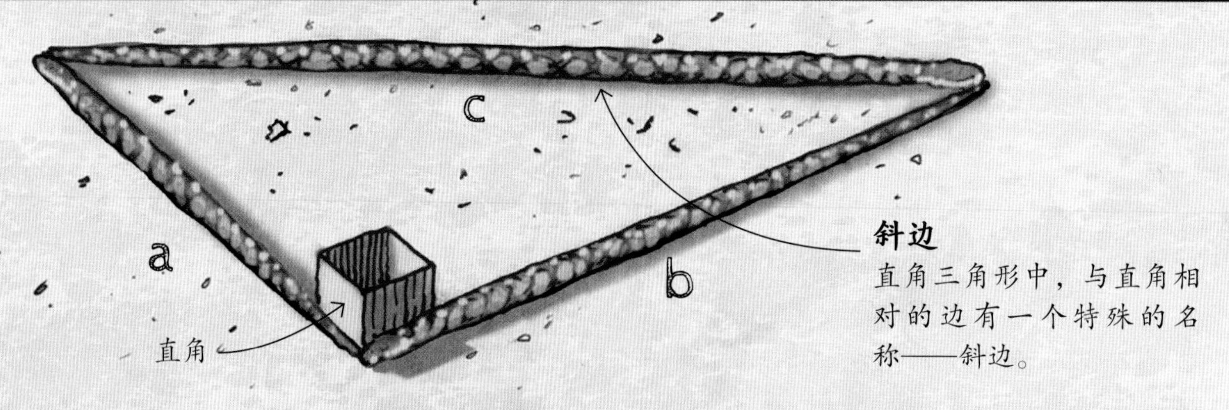

三角形验证

在午后温暖的草地上，三条蛇慵懒地伸直了身子，享受着美好的闲暇时光。路过的猛犸和象鼩发现，三条沉睡的蛇恰好形成了一个直角三角形。于是，它们决定验证著名的数学定理：毕达哥拉斯定理（勾股定理）。

制作正方形

根据毕达哥拉斯定理，以直角三角形的3条边分别绘制正方形，最大正方形的面积等于另外两个正方形面积的和。非常轻柔地，猛犸和象鼩分别以每条睡着的蛇为边，摆出了3个正方形，试着检验这个理论。

公式表述

我们可以用公式表示三角形各条边之间的关系（请参见第125页）：字母分别代表三角形的3条边。

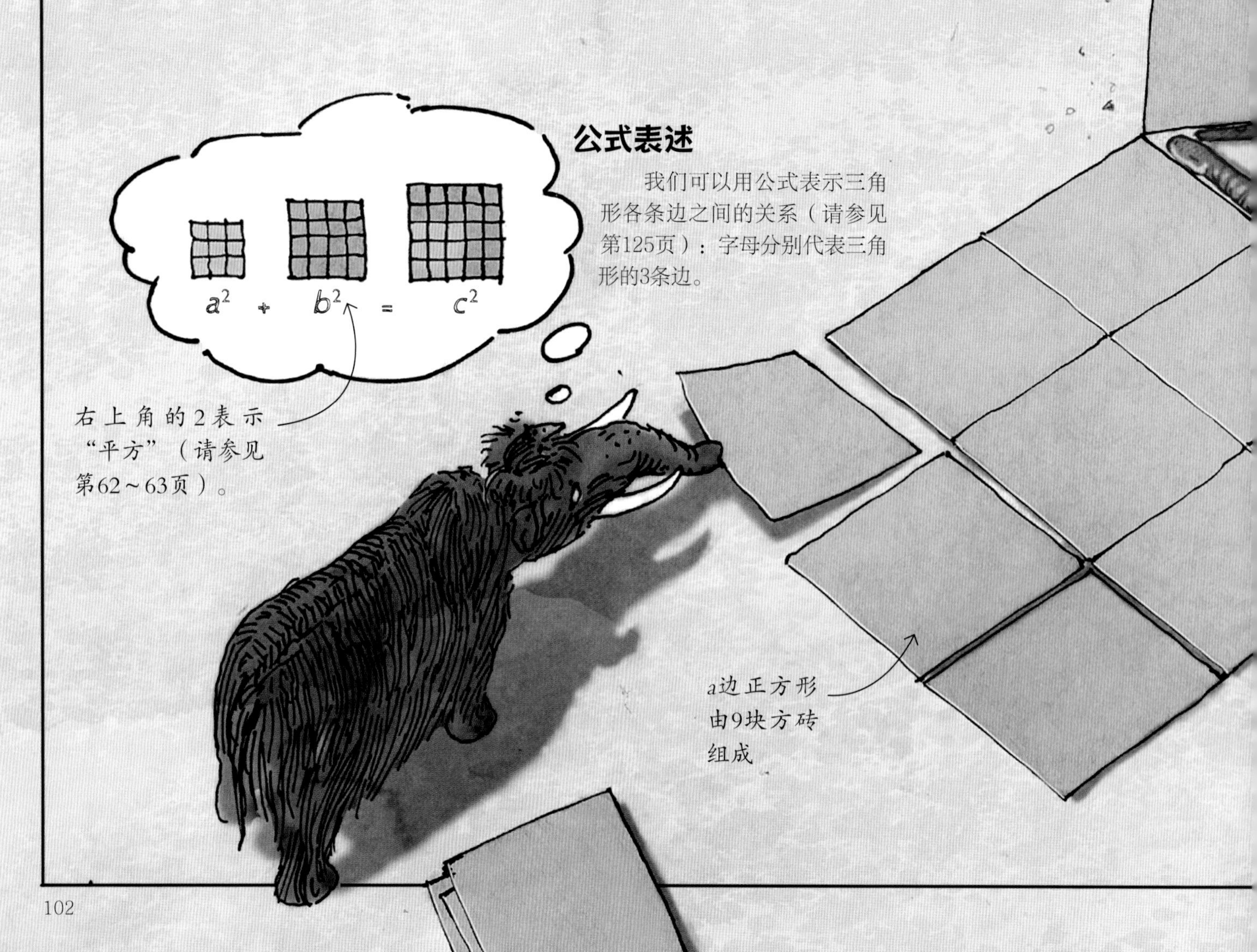

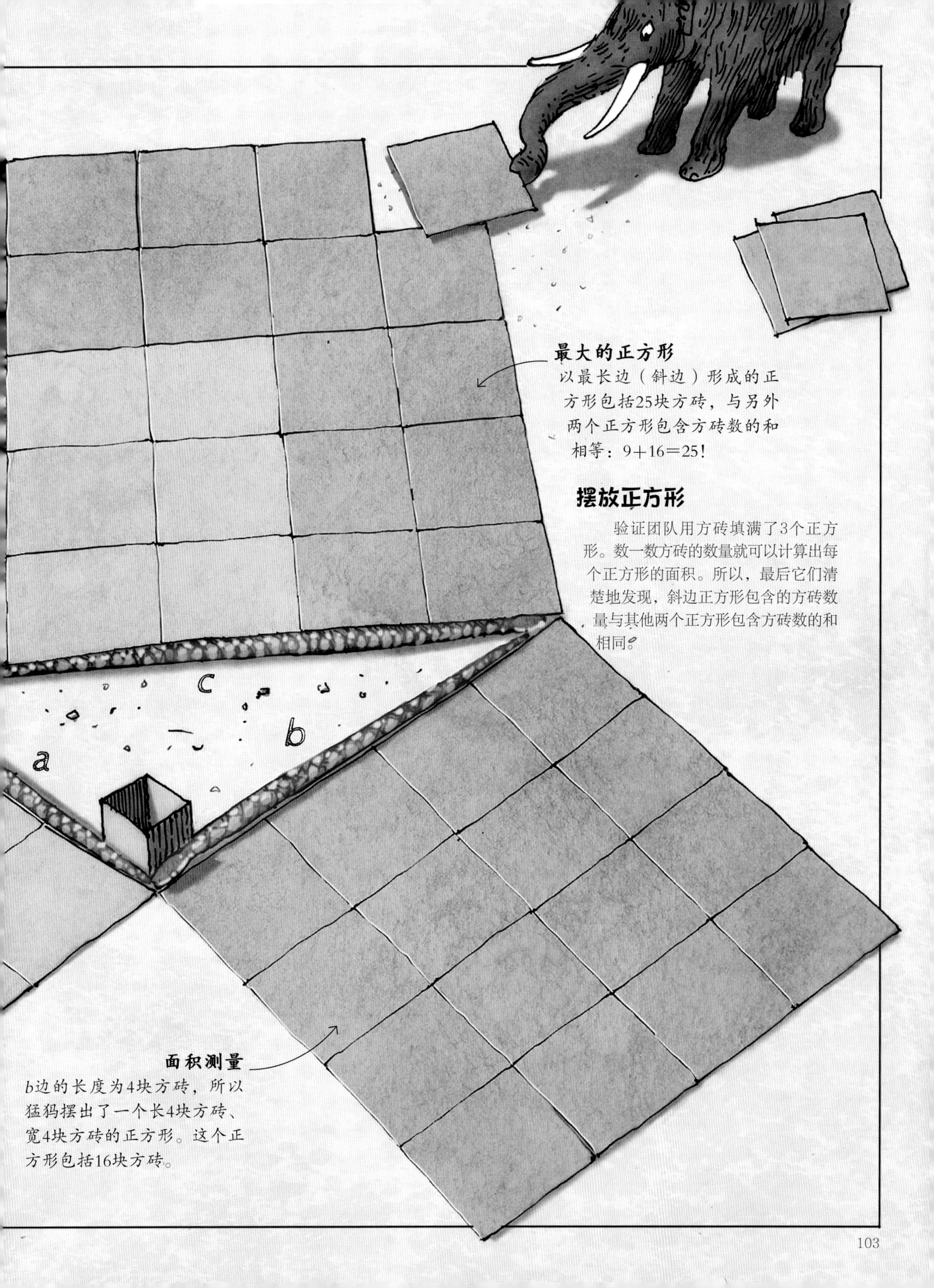

最大的正方形

以最长边（斜边）形成的正方形包括25块方砖，与另外两个正方形包含方砖数的和相等：9+16=25！

摆放正方形

验证团队用方砖填满了3个正方形。数一数方砖的数量就可以计算出每个正方形的面积。所以，最后它们清楚地发现，斜边正方形包含的方砖数量与其他两个正方形包含方砖数的和相同。

面积测量

*b*边的长度为4块方砖，所以猛犸摆出了一个长4块方砖、宽4块方砖的正方形。这个正方形包括16块方砖。

四边形

有4条边的平面多边形称为四边形。所有四边形都有4条边、4个角和4个顶点。与所有多边形相同，四边形包括所有边和角都相等的规则四边形，以及并非所有边和角都相等的不规则四边形。

形状的命名！

所有下列形状都属于四边形。不过，本页所有的形状都是平行四边形，而对页的形状不是。

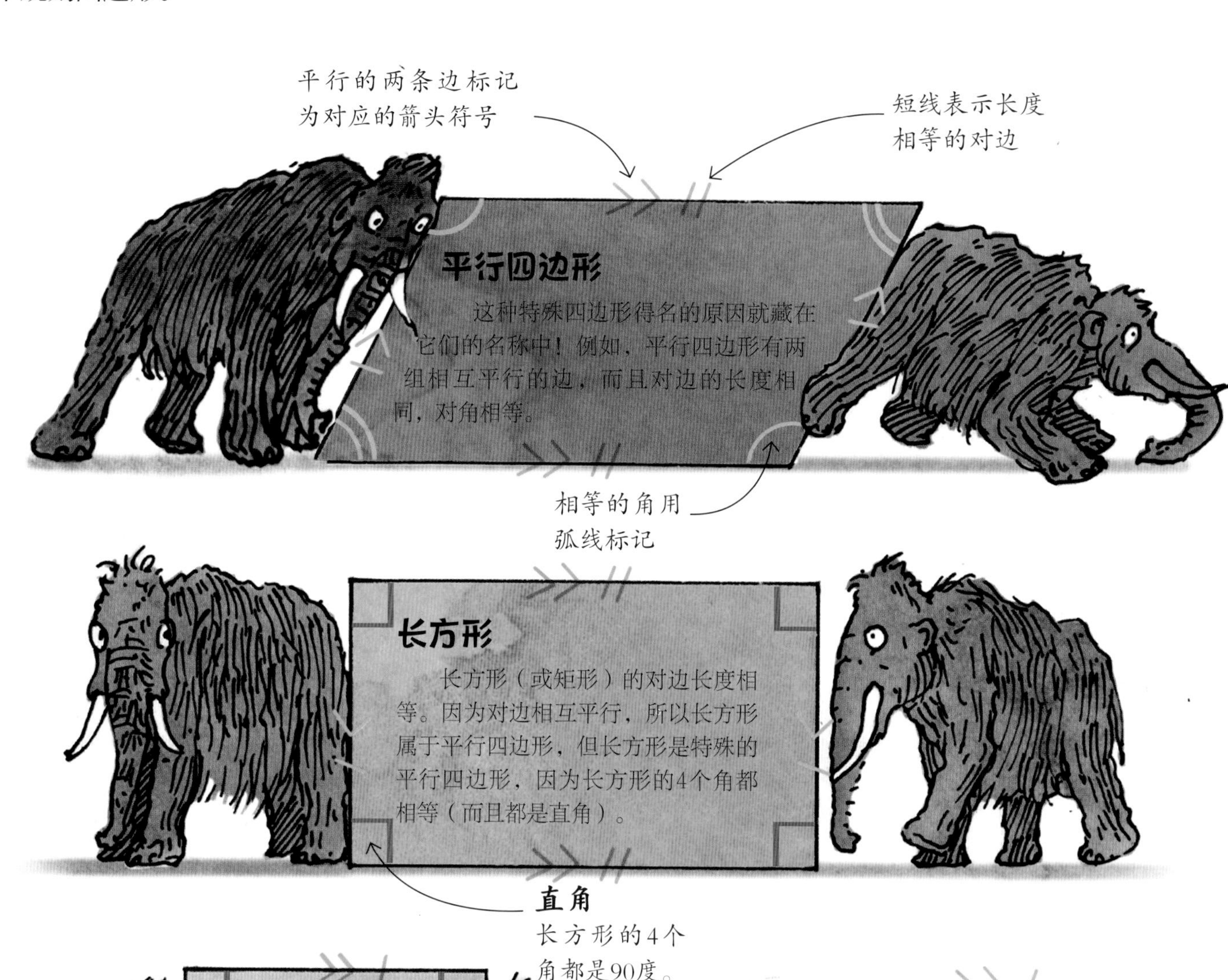

平行四边形

这种特殊四边形得名的原因就藏在它们的名称中！例如，平行四边形有两组相互平行的边，而且对边的长度相同，对角相等。

长方形

长方形（或矩形）的对边长度相等。因为对边相互平行，所以长方形属于平行四边形，但长方形是特殊的平行四边形，因为长方形的4个角都相等（而且都是直角）。

正方形

正方形是特殊的矩形、特殊的平行四边形，因为正方形有两组平行边。正方形的独特之处在于4条边的长度都相同，4个角都相等。

菱形

这种四边形同样属于平行四边形，但不是矩形。菱形的对边相互平行，对角相等，但所有内角都不是直角。菱形4条边的长度都相等。

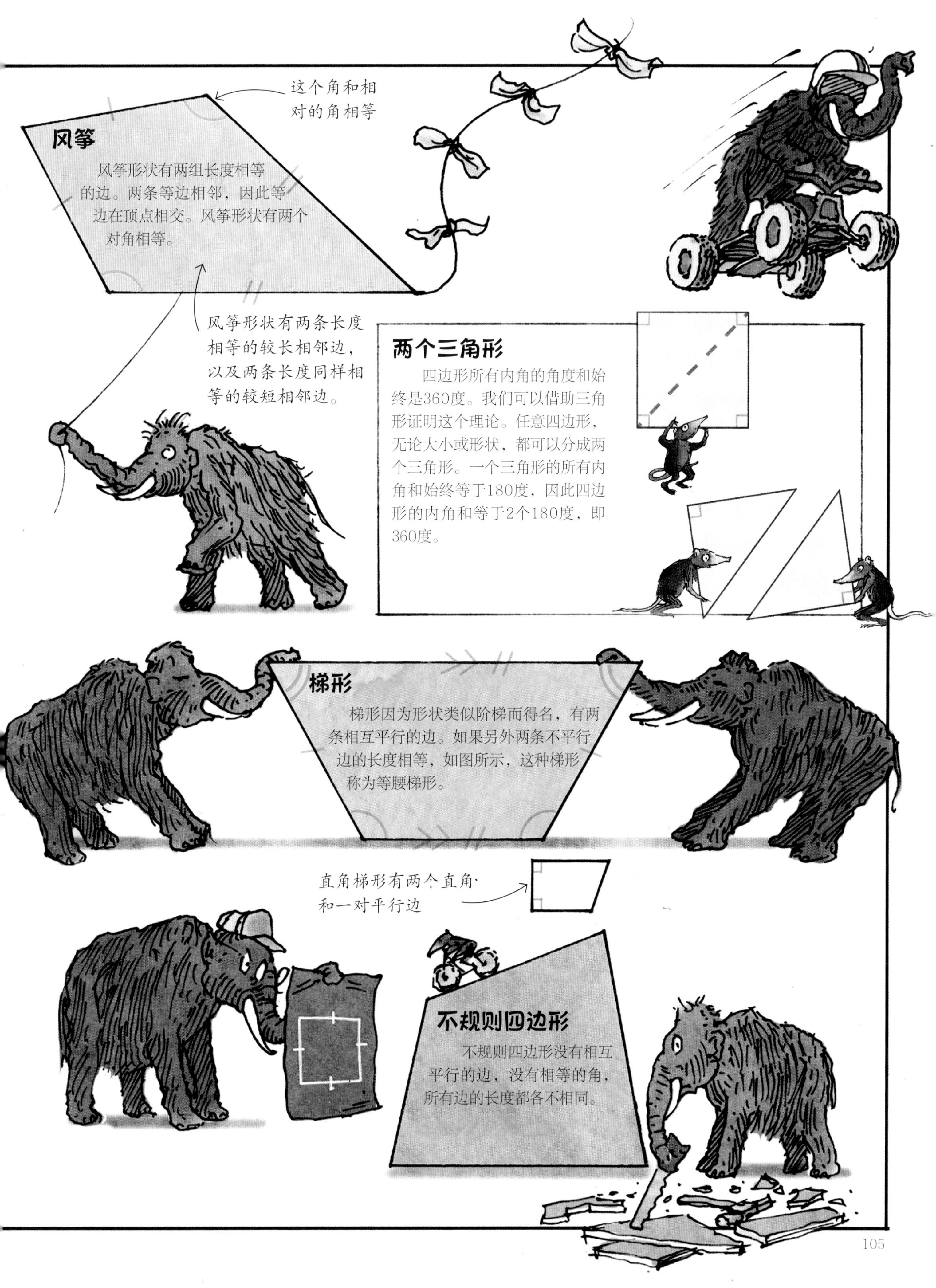

风筝

风筝形状有两组长度相等的边。两条等边相邻，因此等边在顶点相交。风筝形状有两个对角相等。

这个角和相对的角相等

风筝形状有两条长度相等的较长相邻边，以及两条长度同样相等的较短相邻边。

两个三角形

四边形所有内角的角度和始终是360度。我们可以借助三角形证明这个理论。任意四边形，无论大小或形状，都可以分成两个三角形。一个三角形的所有内角和始终等于180度，因此四边形的内角和等于2个180度，即360度。

梯形

梯形因为形状类似阶梯而得名，有两条相互平行的边。如果另外两条不平行边的长度相等，如图所示，这种梯形称为等腰梯形。

直角梯形有两个直角和一对平行边

不规则四边形

不规则四边形没有相互平行的边，没有相等的角，所有边的长度都各不相同。

圆

圆是一种特殊的平面形状，因为圆没有任何顶点或角，只有一条边：一条首尾相接、环绕中心点的弧线。而且，这条弧线（圆周）上每个点到中心点（圆心）的距离全都相同。

不停地绕圈

游乐场的摩天轮是象鼩们都十分喜爱的项目之一。摩天轮是一种利用圆的几何学原理的游乐设施：所有吊篮都安置在摩天轮的边缘（圆周）上，摩天轮围绕中心点转动时，吊篮的轨迹可以形成一个圆。

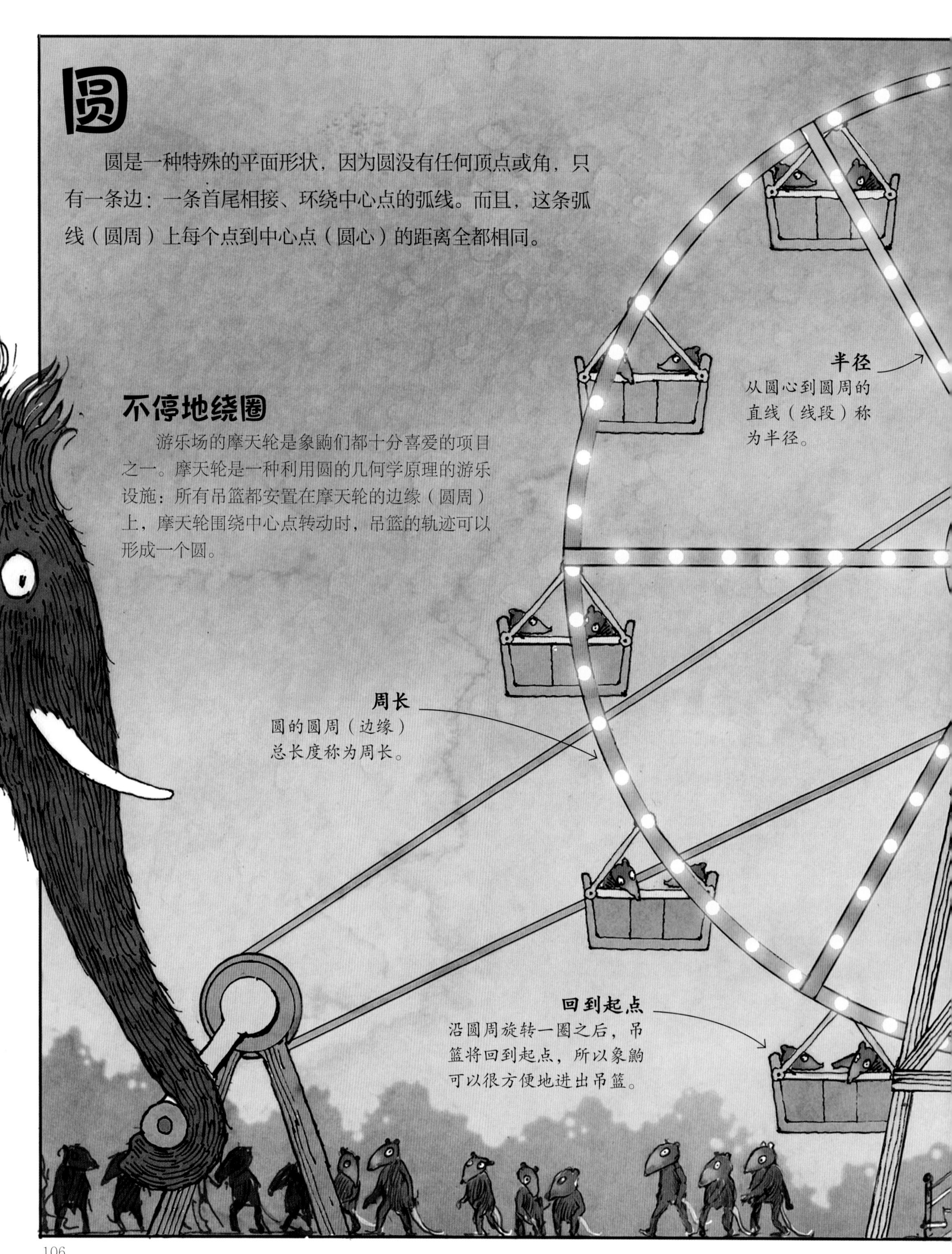

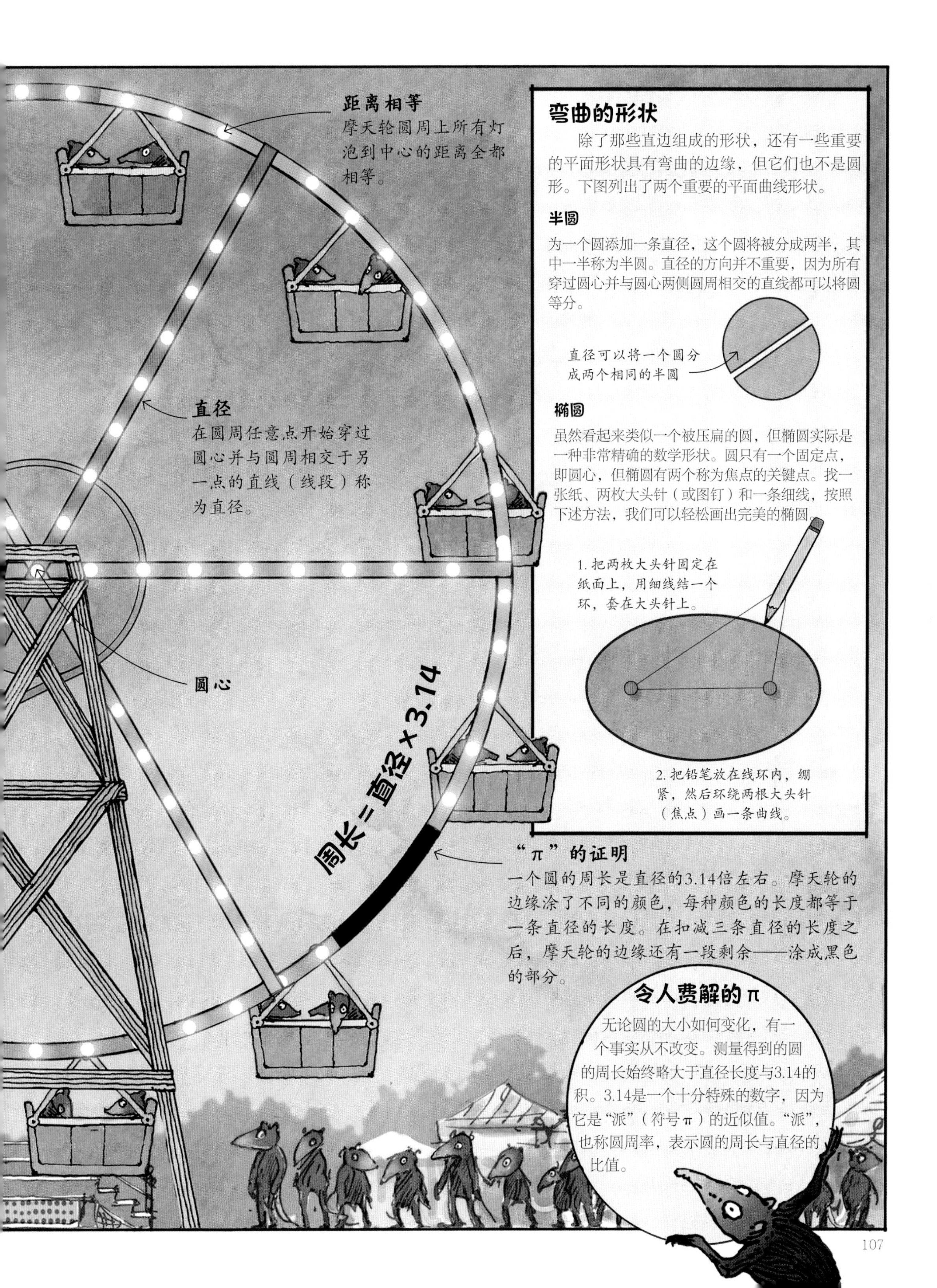
距离相等
摩天轮圆周上所有灯泡到中心的距离全都相等。
直径
在圆周任意点开始穿过圆心并与圆周相交于另一点的直线（线段）称为直径。
圆心
周长＝直径×3.14
"π"的证明
一个圆的周长是直径的3.14倍左右。摩天轮的边缘涂了不同的颜色，每种颜色的长度都等于一条直径的长度。在扣减三条直径的长度之后，摩天轮的边缘还有一段剩余——涂成黑色的部分。
弯曲的形状
除了那些直边组成的形状，还有一些重要的平面形状具有弯曲的边缘，但它们也不是圆形。下图列出了两个重要的平面曲线形状。
半圆
为一个圆添加一条直径，这个圆将被分成两半，其中一半称为半圆。直径的方向并不重要，因为所有穿过圆心并与圆心两侧圆周相交的直线都可以将圆等分。
直径可以将一个圆分成两个相同的半圆
椭圆
虽然看起来类似一个被压扁的圆，但椭圆实际是一种非常精确的数学形状。圆只有一个固定点，即圆心，但椭圆有两个称为焦点的关键点。找一张纸、两枚大头针（或图钉）和一条细线，按照下述方法，我们可以轻松画出完美的椭圆。
1. 把两枚大头针固定在纸面上，用细线结一个环，套在大头针上。
2. 把铅笔放在线环内，绷紧，然后环绕两根大头针（焦点）画一条曲线。
令人费解的π
无论圆的大小如何变化，有一个事实从不改变。测量得到的圆的周长始终略大于直径长度与3.14的积。3.14是一个十分特殊的数字，因为它是"派"（符号π）的近似值。"派"，也称圆周率，表示圆的周长与直径的比值。

立体形状

象鼬的工作室里搭起了很多架子，架子上摆满了立体形状。立体形状，也称“三维”形状，表示这些形状具有长、宽和高。与完全平坦的平面形状不同，立体形状必须占据一定的空间（体积）。

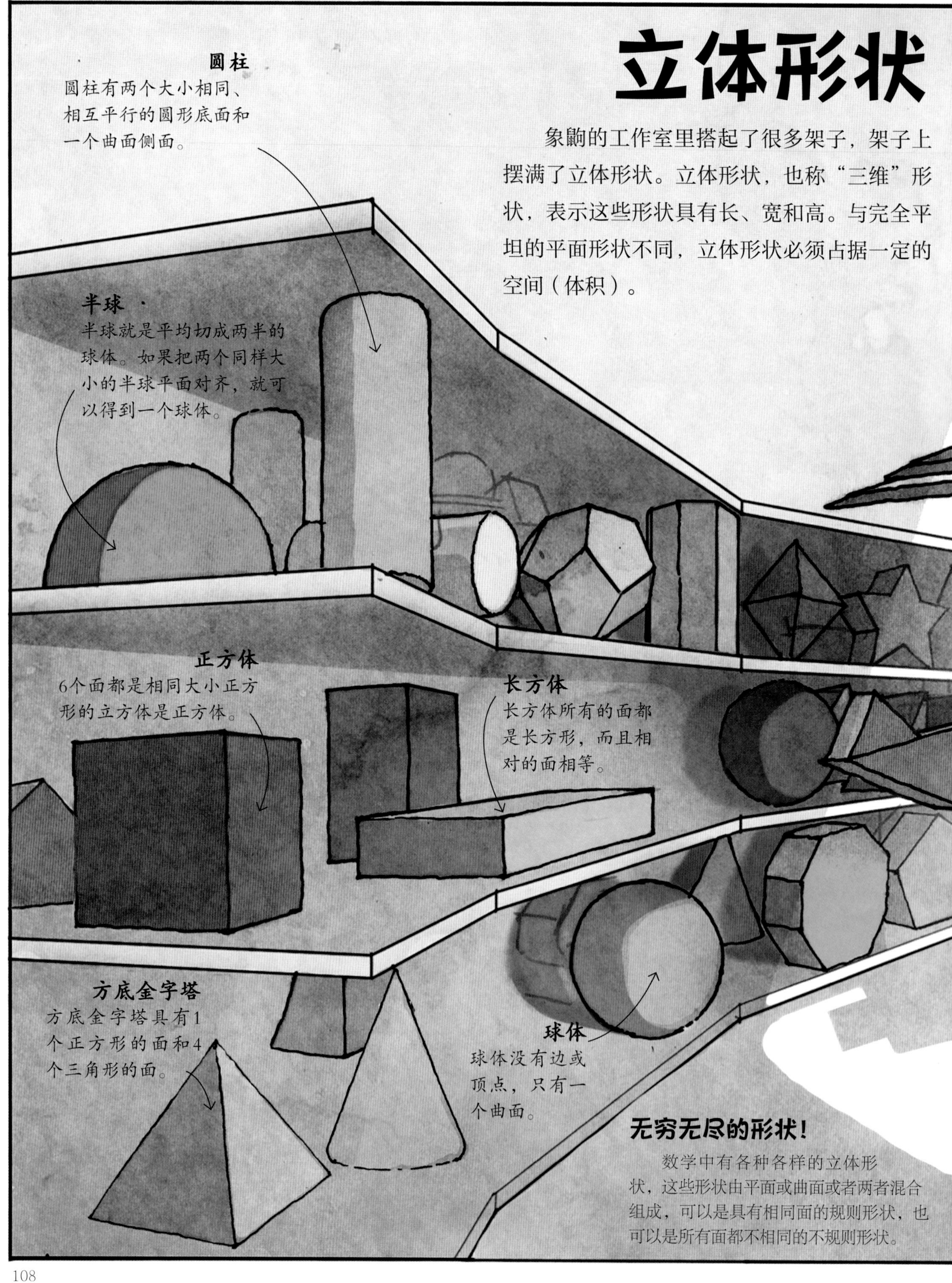

无穷无尽的形状！

数学中有各种各样的立体形状，这些形状由平面或曲面或者两者混合组成，可以是具有相同面的规则形状，也可以是所有面都不相同的不规则形状。

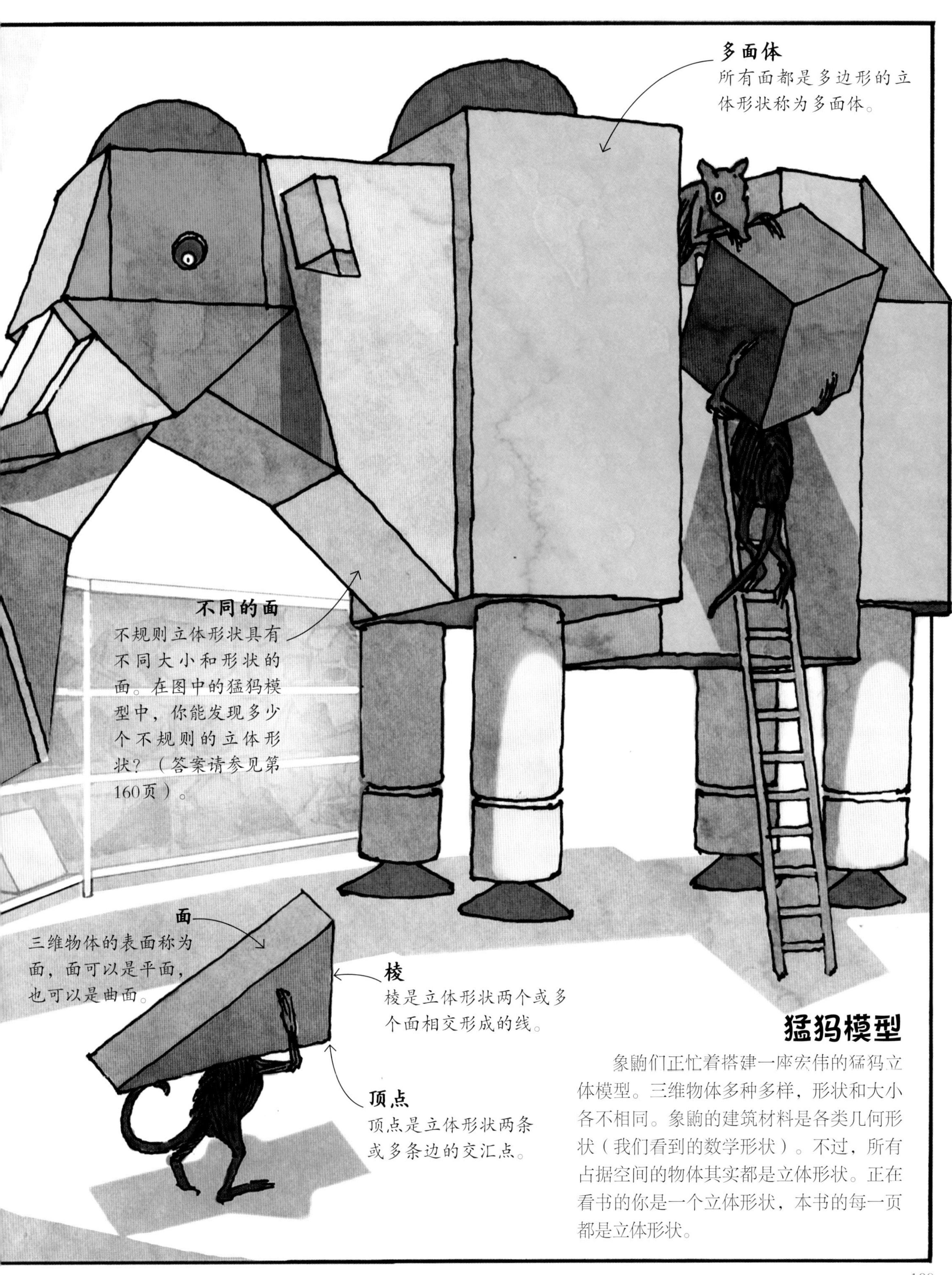

猛犸模型

象鼩们正忙着搭建一座宏伟的猛犸立体模型。三维物体多种多样，形状和大小各不相同。象鼩的建筑材料是各类几何形状（我们看到的数学形状）。不过，所有占据空间的物体其实都是立体形状。正在看书的你是一个立体形状，本书的每一页都是立体形状。

制作立体形状

如果能够将立体形状打开然后摊平，我们可以得到一个平面展开图。有些立体形状可以拆解为多种不同的展开图，有些形状只能拆为一种。象鼩正在立体形状车间里组装立方体。

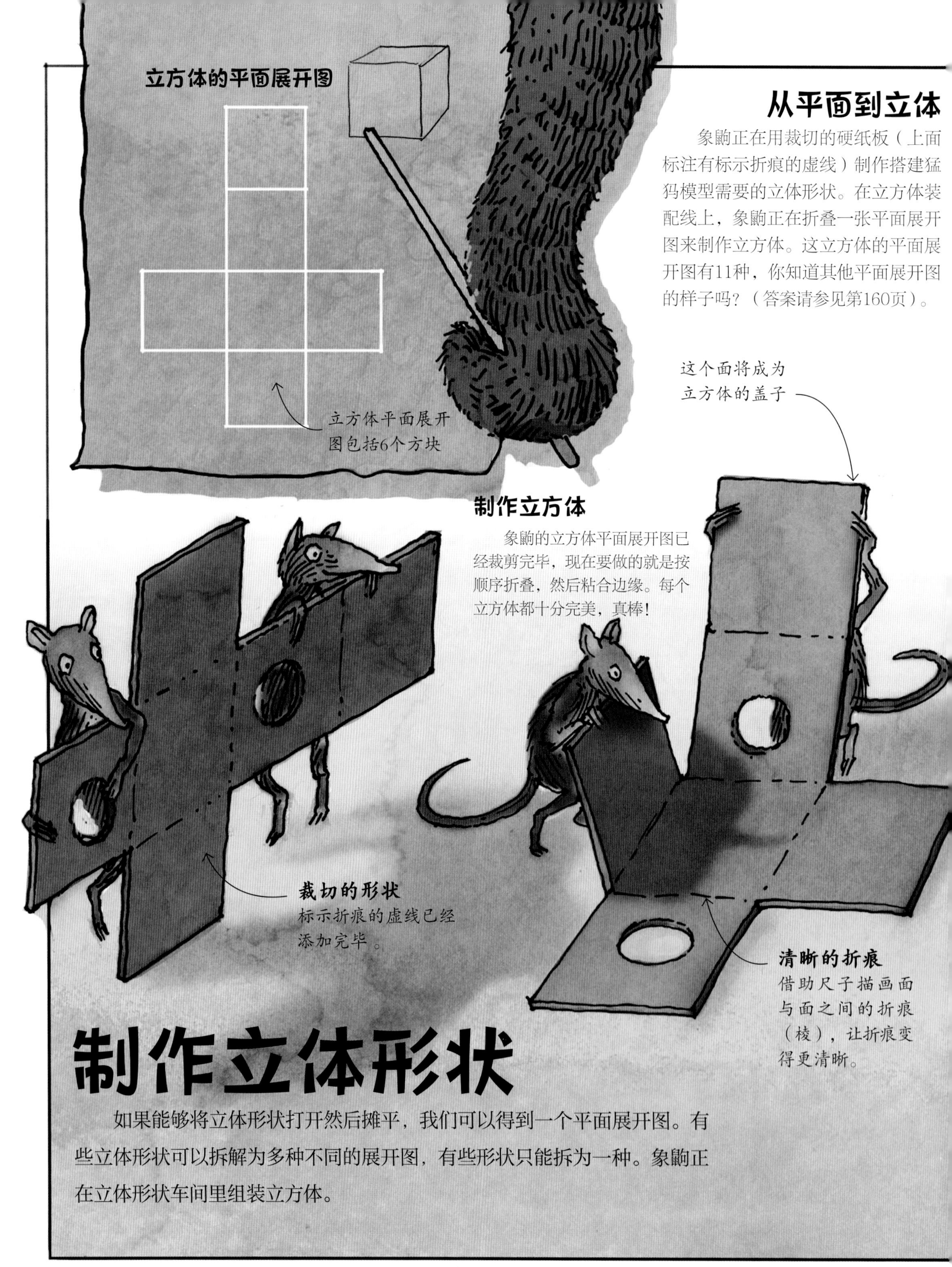

从平面到立体

象鼩正在用裁切的硬纸板（上面标注有标示折痕的虚线）制作搭建猛犸模型需要的立体形状。在立方体装配线上，象鼩正在折叠一张平面展开图来制作立方体。这立方体的平面展开图有11种，你知道其他平面展开图的样子吗？（答案请参见第160页）。

制作立方体

象鼩的立方体平面展开图已经裁剪完毕，现在要做的就是按顺序折叠，然后粘合边缘。每个立方体都十分完美，真棒！

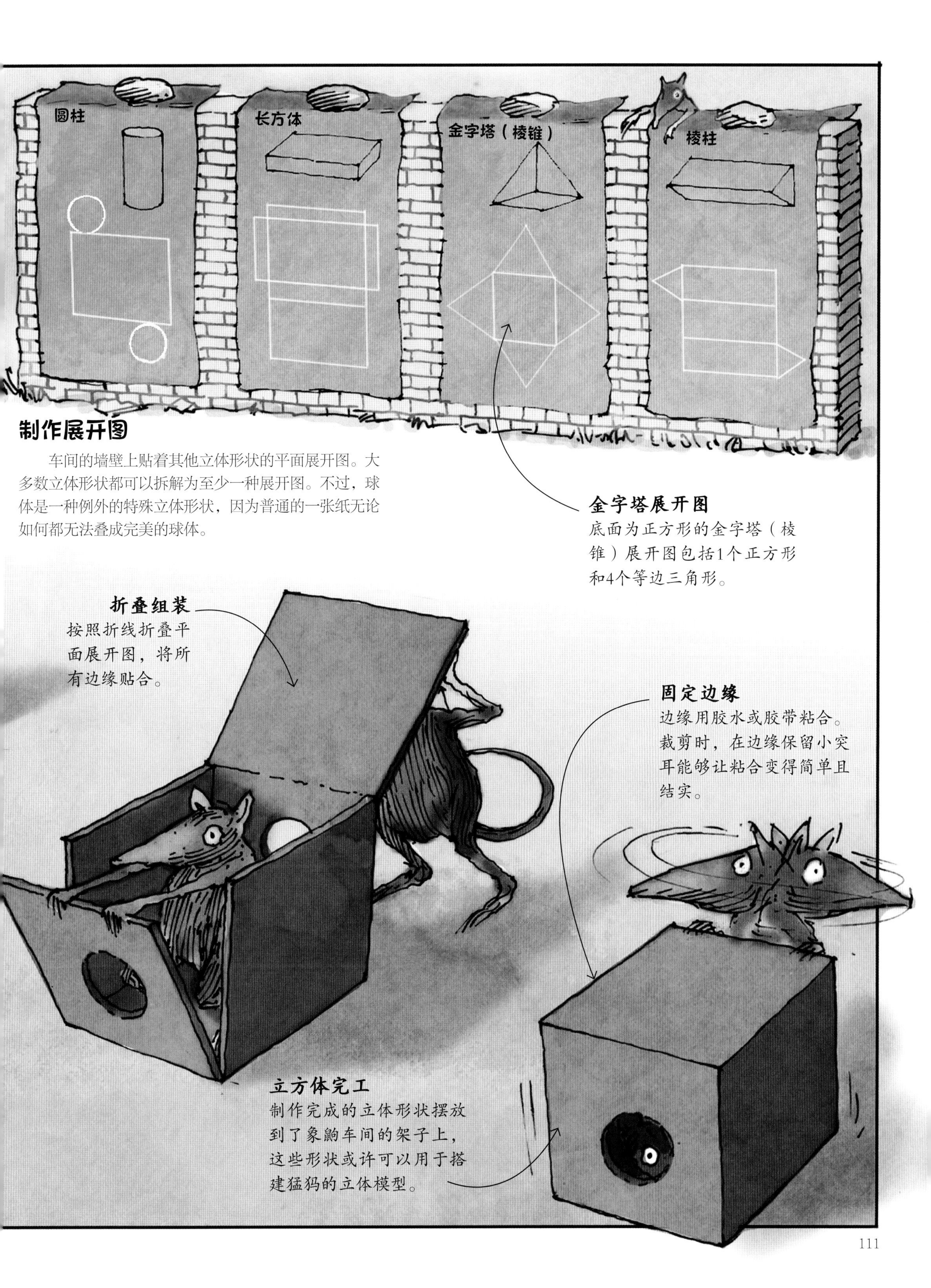

制作展开图

车间的墙壁上贴着其他立体形状的平面展开图。大多数立体形状都可以拆解为至少一种展开图。不过，球体是一种例外的特殊立体形状，因为普通的一张纸无论如何都无法叠成完美的球体。

金字塔展开图
底面为正方形的金字塔（棱锥）展开图包括1个正方形和4个等边三角形。

折叠组装
按照折线折叠平面展开图，将所有边缘贴合。

固定边缘
边缘用胶水或胶带粘合。裁剪时，在边缘保留小突耳能够让粘合变得简单且结实。

立方体完工
制作完成的立体形状摆放到了象鼩车间的架子上，这些形状或许可以用于搭建猛犸的立体模型。

多面体

多面体是一种立体形状，所有面都是平面（多边形），棱为直线。与大多数数学形状一样，多面体可以是规则形状（面为相同大小的规则多边形），或者不规则形状（面为不同大小和形状的多边形）。

八角棱柱

这种形状的平行两端为八边形——8条边（8个角）的多边形。

矩形棱柱

也叫长方柱，相对的两端为长方形平面。

三角棱柱

这块楔形奶酪的两端都是三角形平面。

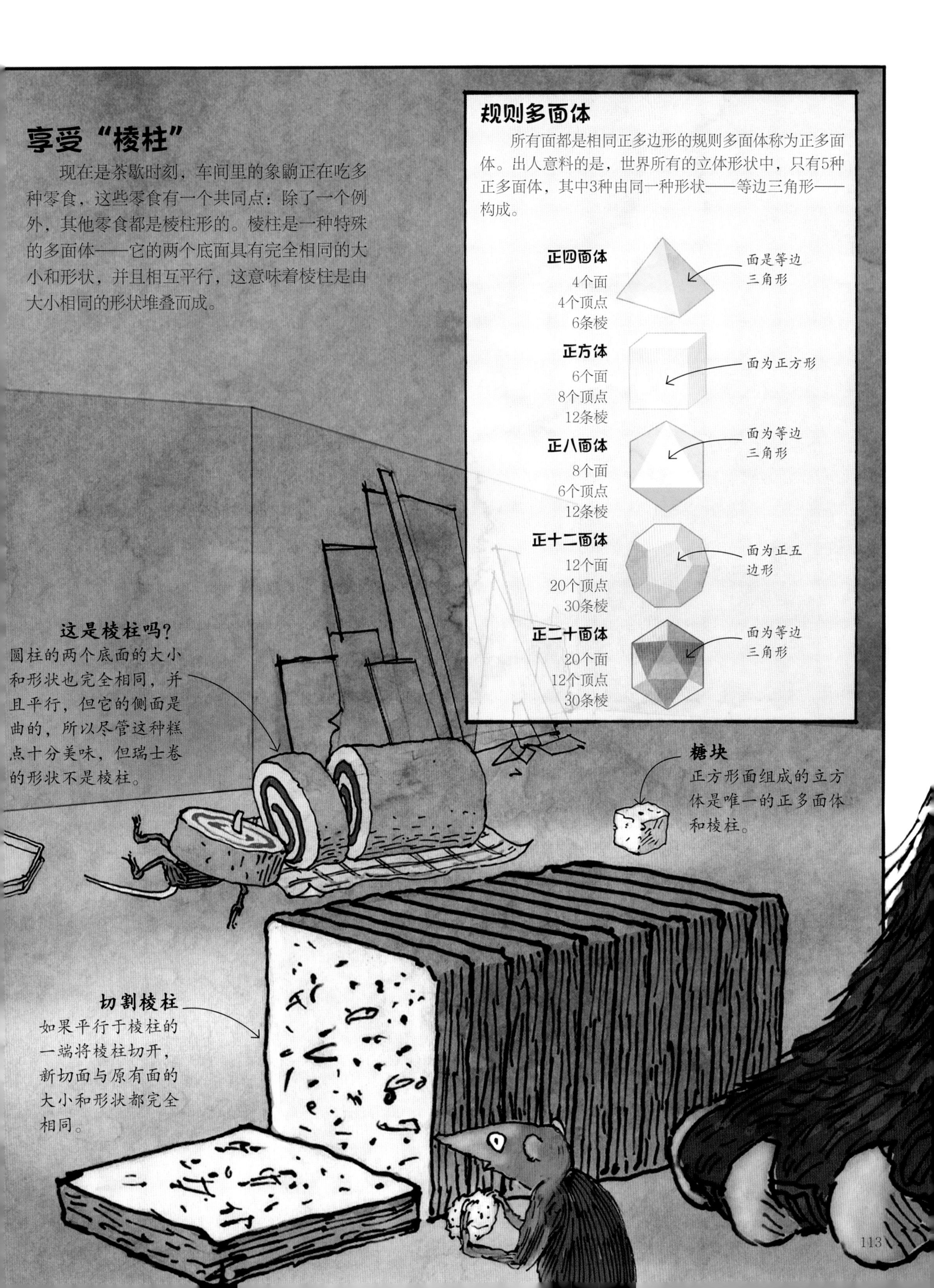

享受“棱柱”

现在是茶歇时刻，车间里的象鼩正在吃多种零食，这些零食有一个共同点：除了一个例外，其他零食都是棱柱形的。棱柱是一种特殊的多面体——它的两个底面具有完全相同的大小和形状，并且相互平行，这意味着棱柱是由大小相同的形状堆叠而成。

规则多面体

所有面都是相同正多边形的规则多面体称为正多面体。出人意料的是，世界所有的立体形状中，只有5种正多面体，其中3种由同一种形状——等边三角形——构成。

正四面体
4个面
4个顶点
6条棱
面是等边三角形

正方体
6个面
8个顶点
12条棱
面为正方形

正八面体
8个面
6个顶点
12条棱
面为等边三角形

正十二面体
12个面
20个顶点
30条棱
面为正五边形

正二十面体
20个面
12个顶点
30条棱
面为等边三角形

这是棱柱吗？
圆柱的两个底面的大小和形状也完全相同，并且平行，但它的侧面是曲的，所以尽管这种糕点十分美味，但瑞士卷的形状不是棱柱。

糖块
正方形面组成的立方体是唯一的正多面体和棱柱。

切割棱柱
如果平行于棱柱的一端将棱柱切开，新切面与原有面的大小和形状都完全相同。

不可能的形状

不可能的形状表示可以在纸上描绘但现实生活中无法存在的形状。这些形状属于视错觉，是大脑按照生理设定对眼睛接收信息进行“合理”解读的结果。下图列举了部分平面图形的示例：由于受到了欺骗，大脑认为这些平面形状是立体形状，但这些立体形状不可能存在。

令人困惑的柱子

如果只看上半截或下半截，这个形状似乎没有什么问题。不过，仔细观察整幅图画，你发现问题了吗？

让人伤脑筋的博物馆

除了一个例外，所有展品都不可能真实存在。数学家使用这些形状来更好地理解几何学（关于形状和空间的数学分支）。通过探索这些形状不可能真实存在的原因，数学家可以加深对真实形状的理解。

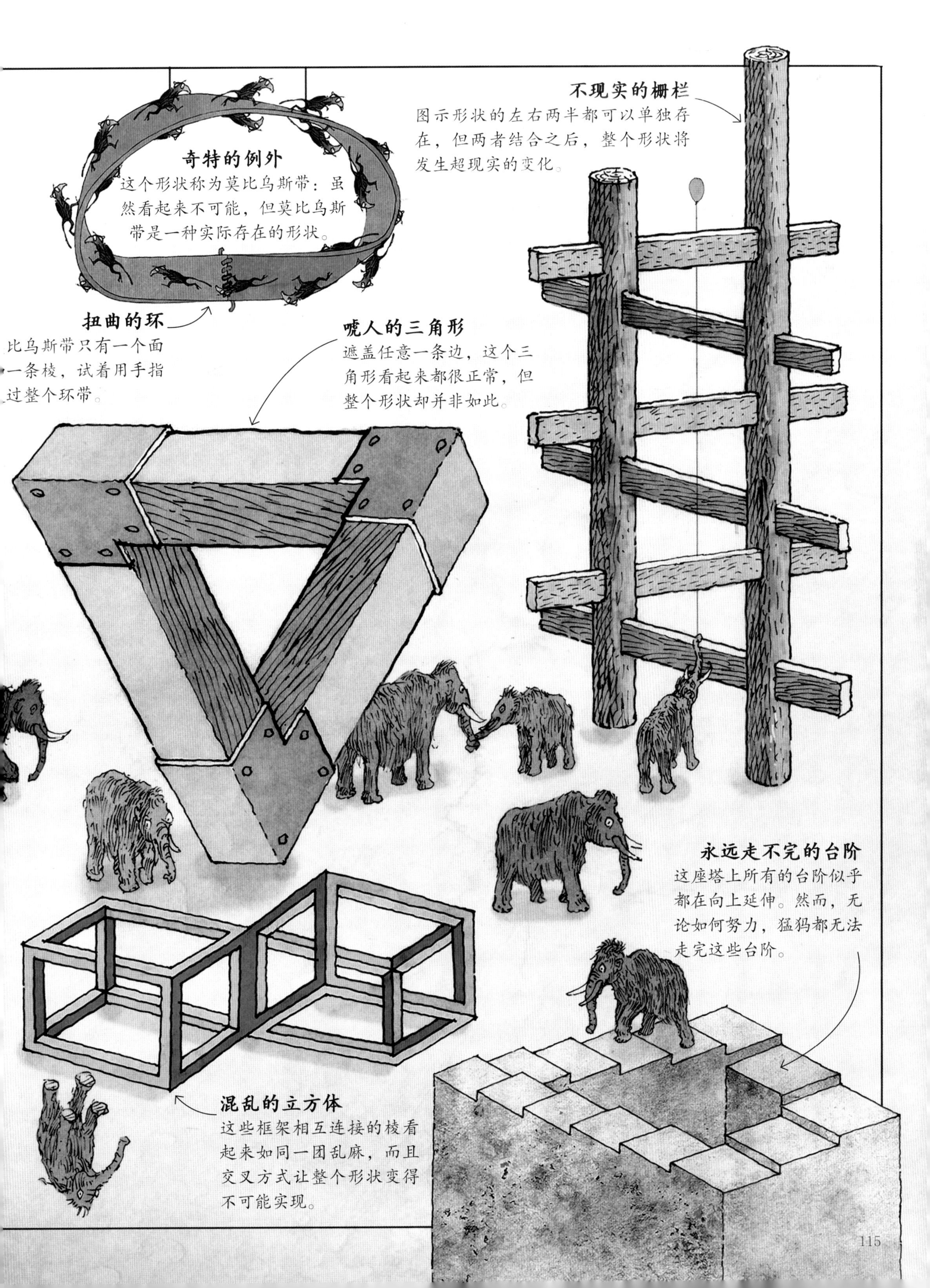
奇特的例外
这个形状称为莫比乌斯带：虽然看起来不可能，但莫比乌斯带是一种实际存在的形状。
扭曲的环
比乌斯带只有一个面一条棱，试着用手指过整个环带。
唬人的三角形
遮盖任意一条边，这个三角形看起来都很正常，但整个形状却并非如此。
不现实的栅栏
图示形状的左右两半都可以单独存在，但两者结合之后，整个形状将发生超现实的变化。
永远走不完的台阶
这座塔上所有的台阶似乎都在向上延伸。然而，无论如何努力，猛犸都无法走完这些台阶。
混乱的立方体
这些框架相互连接的棱看起来如同一团乱麻，而且交叉方式让整个形状变得不可能实现。

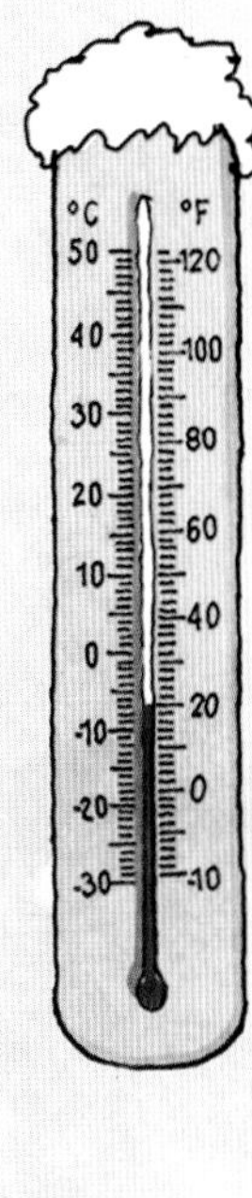

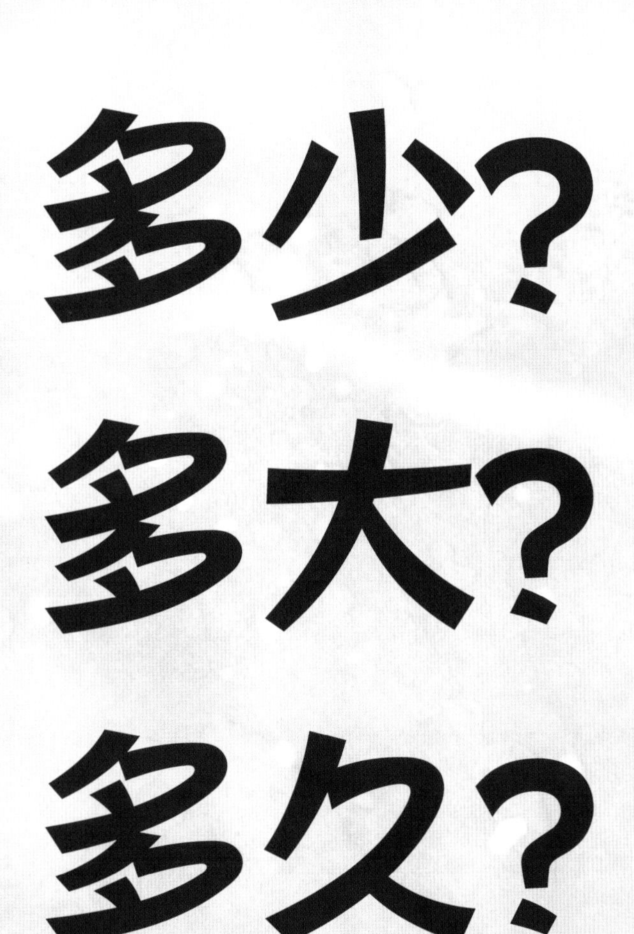
多少？
多大？
多久？

先期测量

猛犸雕塑家计划雕刻一尊雕像。首先，这位体型超大的艺术家希望找到一块尺寸恰好的材料——整块的巨石。象鼩助手们正在努力工作，测量这块大石头的宽度、长度和高度。这块巨石有没有机会成为猛犸的下一个杰作呢？

长度

两点之间的距离称为长度，长度的计量单位包括千米、米、厘米和毫米等。宽度、高度和深度其实都是同一事物（长度）的不同名称。

测量微小事物

要测量微小事物，我们需要相匹配的计量单位：1厘米可以分为10毫米，1米等于100厘米。如果用米来计量，图中示例的长度是0.008米——让人摸不着头脑的数据！

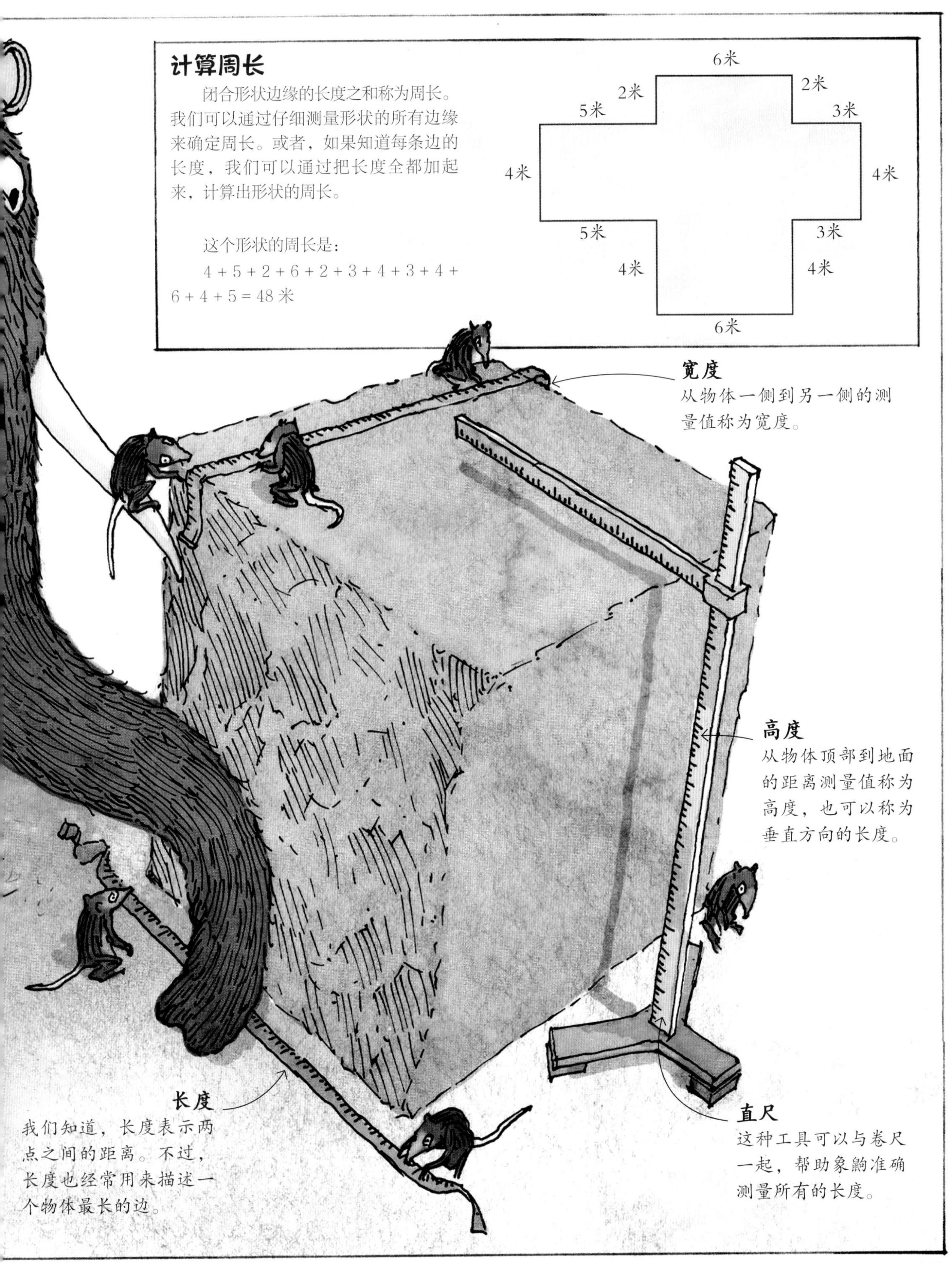
计算周长
闭合形状边缘的长度之和称为周长。我们可以通过仔细测量形状的所有边缘来确定周长。或者，如果知道每条边的长度，我们可以通过把长度全都加起来，计算出形状的周长。
这个形状的周长是：
4 + 5 + 2 + 6 + 2 + 3 + 4 + 3 + 4 + 6 + 4 + 5 = 48 米
6米
2米
2米
5米
3米
4米
4米
5米
3米
4米
4米
6米
宽度
从物体一侧到另一侧的测量值称为宽度。
高度
从物体顶部到地面的距离测量值称为高度，也可以称为垂直方向的长度。
长度
我们知道，长度表示两点之间的距离。不过，长度也经常用来描述一个物体最长的边。
直尺
这种工具可以与卷尺一起，帮助象鼩准确测量所有的长度。

面积

平面形状内部的空间（所有边包裹的范围）称为面积。我们用长度计量单位的平方来表示面积，每个单位代表一个4条边长度相等的标准正方形。最常使用的面积单位有平方千米、平方米和平方厘米。右上角的符号表示单位的平方，例如5米^2（读作“5平方米”）。

擅长种植的象鼩

象鼩们一直在花园里忙忙碌碌。每只象鼩都分到了一小块正方形的土地，可以种植自己喜欢的水果、鲜花或蔬菜。但是，这个花园总共有多大面积呢？我们可以通过计算总面积得知。

数数正方形

每只象鼩分到的土地都是边长为1米的正方形。我们可以通过数篱笆内的正方形数量来计算长方形象鼩花园的总面积。我们总共数出了12个正方形，所以花园的面积为12平方米。

标准正方形

每只象鼩分到的土地都是长1米、宽1米的正方形，所以每个正方形的面积是1平方米，或1米²。

算一算

另一种计算长方形面积的方法是用长度乘以宽度。图中，象鼩花园长4米、宽3米。$4 \times 3 = 12$，所以面积是12平方米。

面积 = 长 × 宽

甜蜜的、甜蜜的体积

这个盒子的体积是多少？象鼩们很想知道答案。为了帮助确定答案，象鼩们将数百个糖块精密切削成了完美的立方体。在猛犸的帮助下，象鼩正在用一排排整齐的糖块填满这个盒子。

体积

体积表示一个三维物体占据空间的大小，可以描述物体的三维空间存在。体积的测量单位是长度单位的立方：每个单位代表一个高度、宽度和长度全都为1的立方体，表示为长度单位加右上角的小3，类似4米^3（读作4立方米）。

完美的立方体

象鼩仔细测量了每块糖。所有糖块都是完美的立方体，每条边都是1厘米。因此每个立方体的体积都是1立方厘米。

计算体积

数一数盒子内容纳的1立方厘米立方体的数量，这是计算盒子体积的一种方法。我们也可以借助边的长度计算体积。长方体的体积计算公式如下：

长×宽×高=体积

我们可以通过数边长1厘米方糖的数量，确定盒子每条边的长度。然后，我们把这些长度相乘，就可以得出体积。

8厘米×8厘米×9厘米=576立方厘米

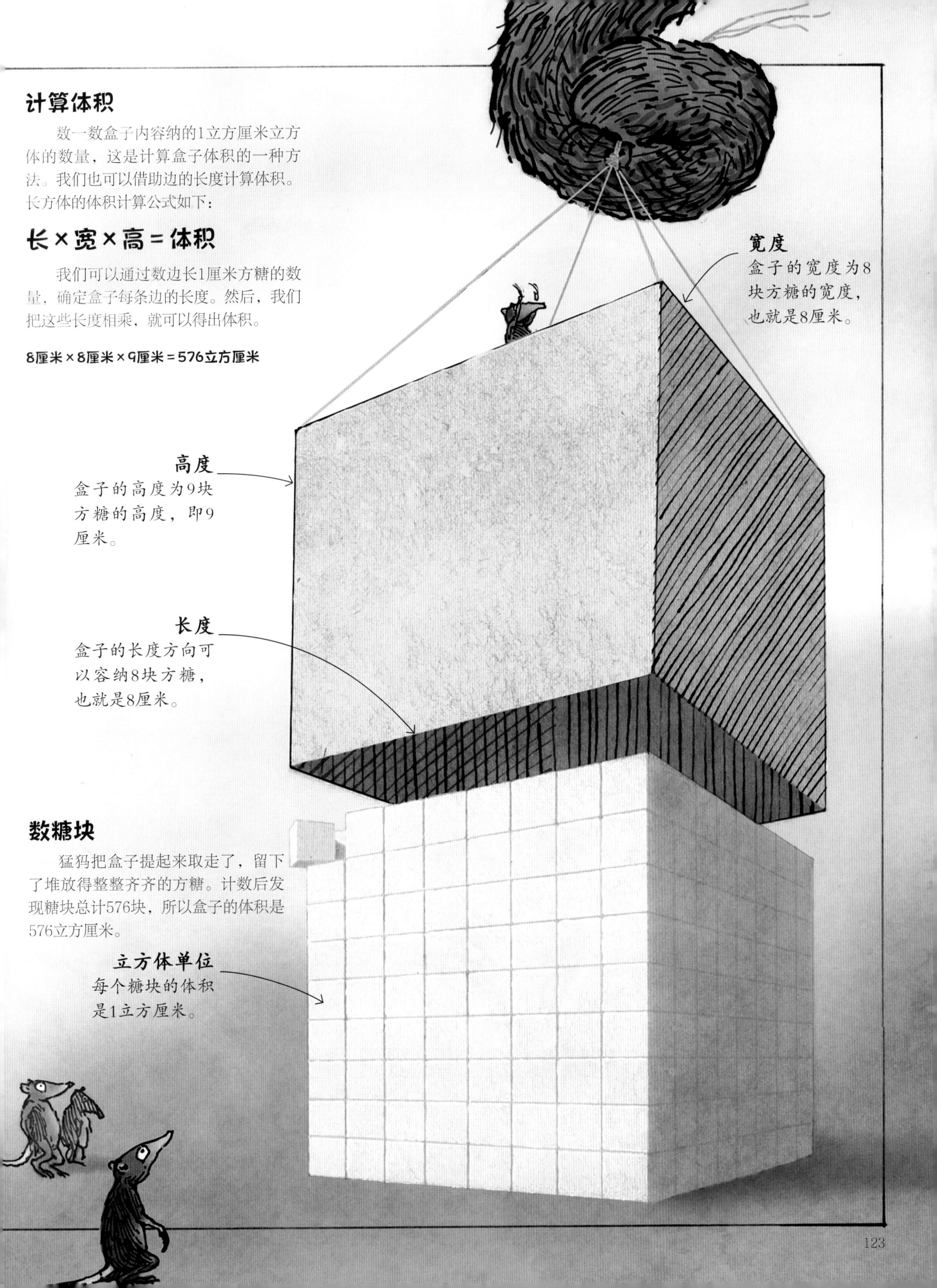

数糖块

猛犸把盒子提起来取走了，留下了堆放得整整齐齐的方糖。计数后发现糖块总计576块，所以盒子的体积是576立方厘米。

速度

要测量速度，我们需要确定两件事情：一是物体移动的距离，二是物体移动上述距离花费的时间。确定这两个数据之后，我们就可以计算出该物体的速度。速度是一个复合测量单位，意味着速度涉及两个或更多测量对象。

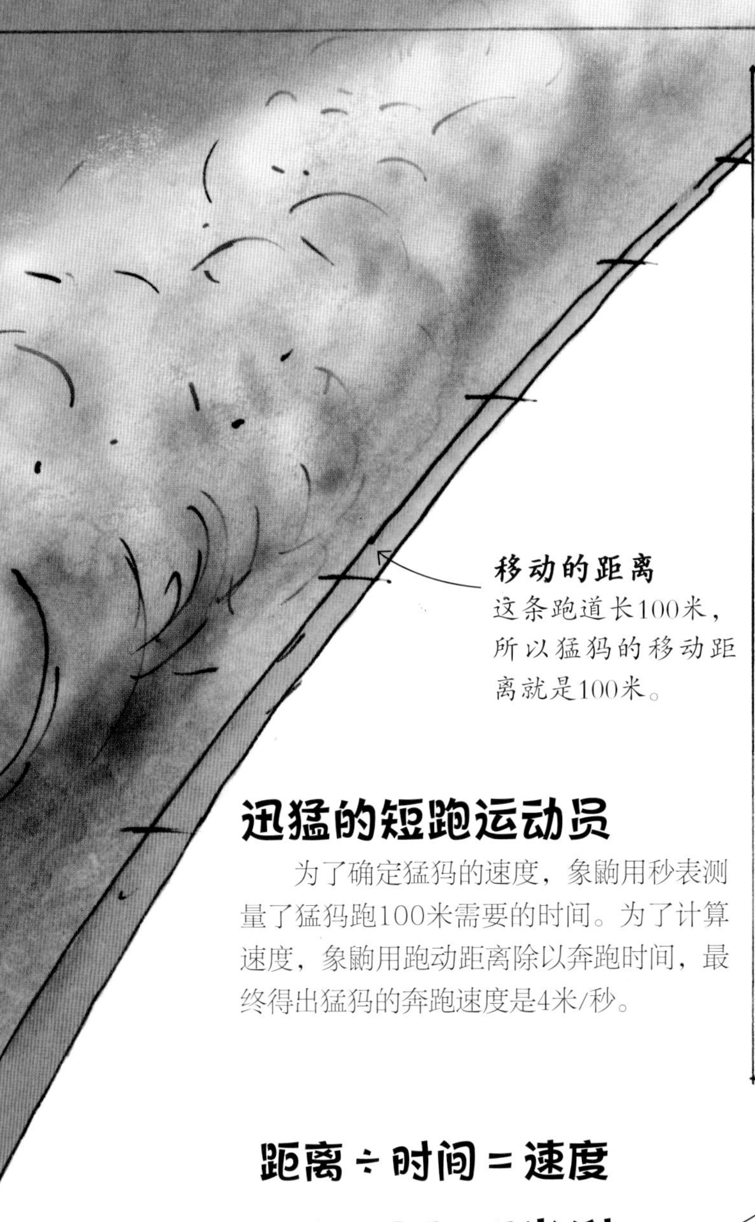

三角公式

我们通过移动距离除以花费时间的方式计算速度，用公式表示为：

速度 = 距离 ÷ 时间

这个公式中包含3项，可以表示为三角形的3个顶点。然后，借助三者之间的关系，只要确定其他两项，我们就能够计算3项数值的任意项。

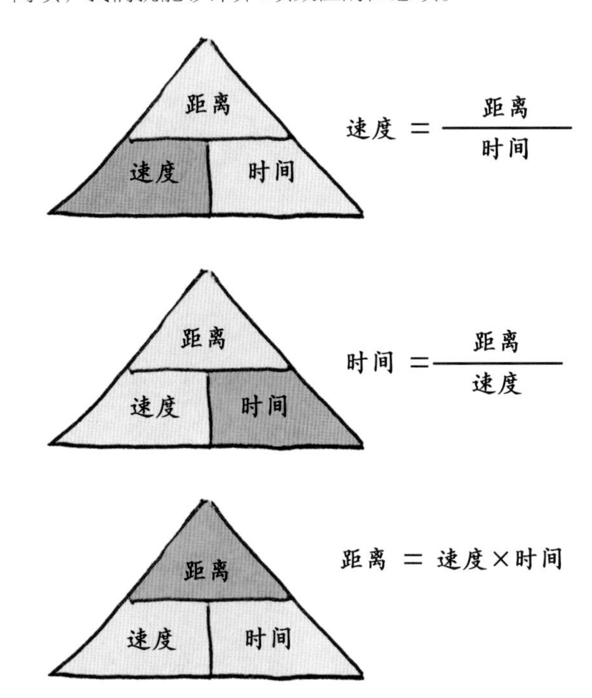

迅猛的短跑运动员

为了确定猛犸的速度，象鼩用秒表测量了猛犸跑100米需要的时间。为了计算速度，象鼩用跑动距离除以奔跑时间，最终得出猛犸的奔跑速度是4米/秒。

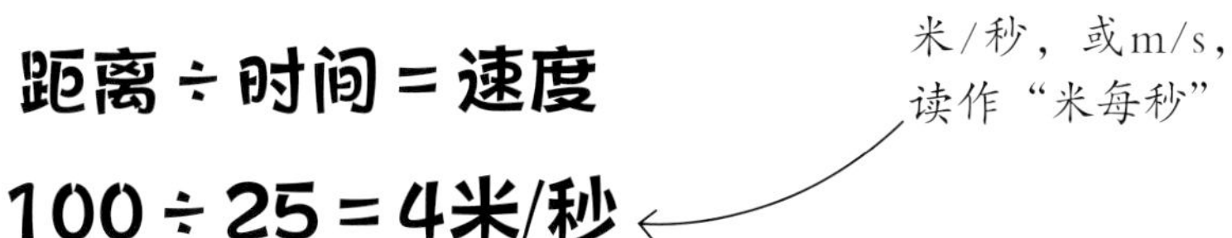

记录时间
在猛犸越过终点线的同时，象鼩停止了计时。猛犸跑完100米花费的时间是25秒。

重量和质量

物体内包含物质或材料的数量称为质量。我们经常提到的“重量”其实就是质量，但重量是一个不同的概念：重量表示地球作用于物体的重力，计量单位是牛顿（N）。质量的公制计量单位有毫克、克、千克和吨等。

测量质量

现在，明白了质量的概念之后，象鼩希望量一量自己的质量。同时，象鼩还找来了猛犸和其他朋友。使用适合的公制质量单位，象鼩测量了所有动物的质量。

小蚂蚁

蚂蚁耐心地等待着，象鼩正在查看读数。蚂蚁的质量很小，只有5毫克。

小象鼩

一只象鼩站在了天平上，另一只记下了同伴的质量——10克。

毫克

我们用微小的质量单位——毫克（mg）——来测量小且轻的物体的质量。当然，质量计量系统还包括更小的单位，例如纳克，但这些单位并不常用，只用来测量小到必须借助显微镜才能看到的物体。

克

每克（g）包含1000毫克，1根回形针的质量约为1克，1根香蕉约为30克，而1本平装书约为140克。

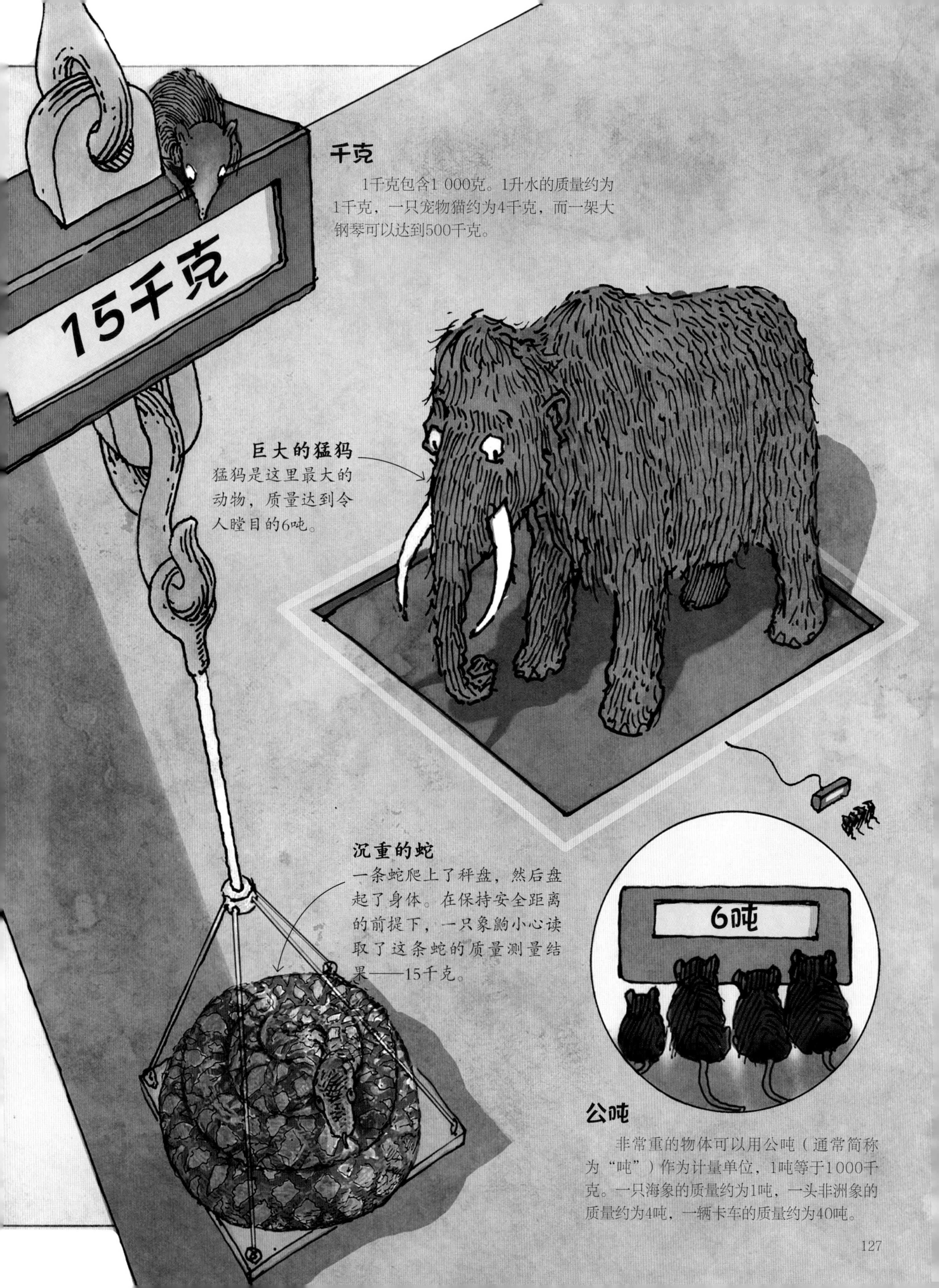

千克

1千克包含1 000克。1升水的质量约为1千克，一只宠物猫约为4千克，而一架大钢琴可以达到500千克。

巨大的猛犸

猛犸是这里最大的动物，质量达到令人瞠目的6吨。

沉重的蛇

一条蛇爬上了秤盘，然后盘起了身体。在保持安全距离的前提下，一只象鼩小心读取了这条蛇的质量测量结果——15千克。

公吨

非常重的物体可以用公吨（通常简称为“吨”）作为计量单位，1吨等于1000千克。一只海象的质量约为1吨，一头非洲象的质量约为4吨，一辆卡车的质量约为40吨。

时间表述

测量时间的流逝可以帮助我们了解事情的进展状况。烘焙蛋糕时，我们必须知道蛋糕需要的烤制时间。或者，开始一次旅行前，我们要规划行程。如果与朋友定好了一次约会，我们应当确定出发赴约的时间。秒、分和小时都是时间计量单位，通常用于测量1天内的时间。要计量时间，我们需要的工具是钟表。

数字

表盘边缘的数字显示了一天的不同时刻。一天有24个小时：从午夜到中午要经过12个小时，从中午到午夜又要12个小时。

秒针

这根指针在表盘上快速移动，指示快速流逝的秒。1分钟包括60秒，秒针每分钟转一圈。

时针

最短且移动最慢的指针是时针，指示一天的时刻（几点，即第几个小时）。

分针

长针是分针，可以显示1小时已经过去的分钟数。1小时有60分钟，所以这根指针每小时转一圈。

奇特的时钟

在距离猛犸迷宫（请参见第90～91页）不远的位置，有一个用树木修剪而成的计时器。猛犸用精心修剪的树木和树篱做成了巨大的钟面。这种使用移动指针的时钟称为模拟时钟。时钟的指针匀速环形移动，表盘边缘标有数字。我们通过观察所有指针的指向来确定当前的确切时间。

使用数字钟表

数字钟表借助两个数字显示时间。第一个数字显示当天的时刻，第二个数字类似分针，可以显示当前小时已经过去的分钟数。有些数字钟表使用12小时制，用字母“am”和“pm”（或者小号的“上午”和“下午”）来表明当前时刻属于上午（am）还是下午（pm），其他数字钟表使用24小时制，可以从表示午夜的00：00开始，计数24个小时，然后从下一个午夜开始新的循环。

小符号
“pm/下午”表示下午，因此现在是下午2时20分。

连续计时
24小时制时钟的下午2时标记为14时，因为下午2时是中午12时之后又过了2个小时，因此是一天的第14个小时。

分钟标记
没有数字的短线标记表示分钟。1小时分为60分钟，表盘两个相邻数字之间的间隔代表5分钟，可以帮助我们快速计算分针对应的分钟数。

顺时针
所有时钟指针朝相同方向转动，这个方向称为“顺时针”。

整点

分针指向数字12时，表示当前时刻为“整点”。例如，图示时刻为8时（点）整。

半点

分针指向下方的数字6时，表示当前小时刚好过了一半。

过了几分钟

分针到达数字6之前，我们要计算分针指示位置与数字12之间的分钟数。图示时刻为4时过5分。

一刻钟

分针指向数字3时，表示当前小时已经过了15分钟，即一刻钟（$\frac{1}{4}$小时）。

差几分钟

分针经过数字6之后，我们习惯用距离下一小时还差多少分钟来表述时间。图示时刻为差25分钟5时。

差一刻

分针指向数字9时，表明当前时刻距离下个小时还差一刻钟。图示时刻为差一刻7时。

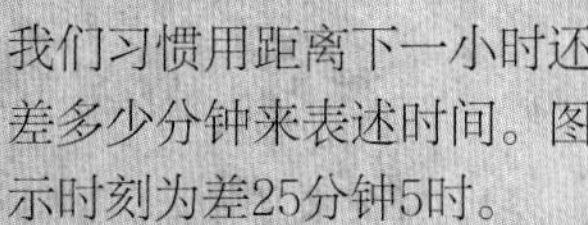

温度

有时，我们需要准确测量某样物体的冷热程度。通过测量温度，我们可以比较今天与昨天的气温，确保冰箱内的温度足够低以便能够保证食物新鲜，或者自行检测体温以确定自己是否生病发烧了。

不同的温标

这只温度计能够提供两种不同单位的温度测量：摄氏度（°C）和华氏度（°F）。

阅读标度

温度计两侧的刻度属于不同的单位。类似尺子或数轴，刻度可以显示测得温度的高低程度。

观察天气

简单温度计中包含一种染色的液体，液体可以在受热时膨胀，受冷时收缩。利用这种液体热胀冷缩的特性，通过特殊的设计，温度计可以借助柱形管内液体的上下移动和侧面的刻度准确测量度数。

真的好热啊！

温度越高，温度计中的液柱升得就越高。温度计显示，现在的温度高达42摄氏度（108华氏度），意味着猛犸和象鼩急需降温。

低于冰点

随着温度继续降低，温度计中的液柱也随之下降。零下20摄氏度（零下4华氏度）的读数意味着温度已经远远低于冰点——冰寒刺骨！

走向极端

温度计的刻度非常有用，因为具体的测量值可以提供直观的比较。例如，我们可以观测今天的温度，然后与昨天、上个月，甚至一个世纪前的温度记录进行比较。选择正确的刻度（测量范围）同样重要，因为很多（太热、太冷或者距离太远的）物品都无法利用气温计进行测量。

猛犸发烧了

专门测量体温的温度计称为体温计。体温计可以测量的最高和最低温度范围很小，但测量精度很高：每两个相邻数值之间都划分了很多梯度，意味着非常精确的体温读数。

太空中的温度测量

太空的温度范围远超地球，因此天文学家和其他科学家使用开氏度作为温度测量单位。开氏度从0开始，0开氏度称为绝对零度，代表整个宇宙中可能出现的最低温度！

发现数据

收集数据

数据其实算得上信息的另一种称呼。收集、整理和解读数据是数学的一个重要分支，称为统计学。收集数据的方法有很多。例如，我们可以展开调查，向一组人提问并记录他们的答案，或者组织一次投票。猛犸通过观察来收集数据，并使用计数符号完成了记录。

记录鸟类行为

猛犸正在使用频率表收集鸟类到访喂食台的信息。图表列出了一些常见的鸟类，以及从周日到周六整个星期的统计数据。根据收集的数据，猛犸可以分析数据并计算需要储备的食物量。此外，通过分析常来和不常来的鸟类品种，猛犸可以调整提供的食物种类，以吸引更多的鸟类。

数据的类型

数字形式的数据称为数量数据。数据包括两种主要类型：离散数据和连续数据。离散数据属于整数计数数据，数据中只包含特定值。例如，统计班级学生数量的数据就是离散数据，因为学生数量都是整数，不可能出现小数。测量数据多为连续数据，数据可以是某个范围内的任意值，也可以随时间变化。

数据处理

完成数据收集之后，我们可以借助很多方式展示数据，从而更方便地展开分析，或加以解读。绘制图表可以清楚直观地展示数据，并方便地比较不同的子集。不同类型的图表适合展示不同类型的数据。

这些到底有什么意义？

猛犸花了整整一个星期的时间来收集喂食台的鸟类数据。为了帮助鸟类观众理解这些数据，猛犸绘制了三个不同的图表。

饼状图

这些图表将数据的子集显示为圆形“饼”的一部分，能够直观对比特定的群体（部分）与总体。猛犸用饼状图显示了一个星期内到访的鸟类总数和每种鸟类所占的比例。

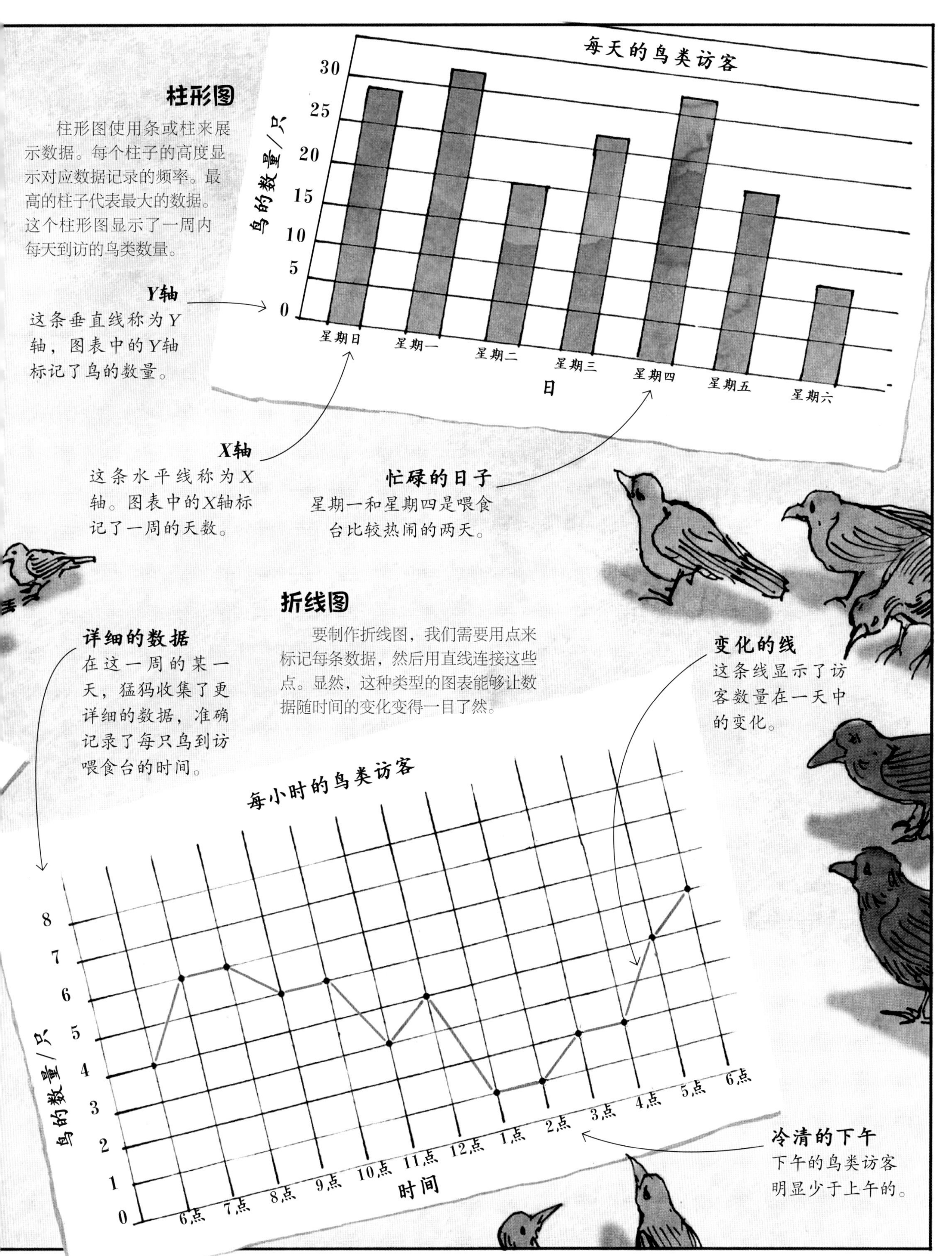

柱形图

柱形图使用条或柱来展示数据。每个柱子的高度显示对应数据记录的频率。最高的柱子代表最大的数据。这个柱形图显示了一周内每天到访的鸟类数量。

Y轴

这条垂直线称为Y轴，图表中的Y轴标记了鸟的数量。

X轴

这条水平线称为X轴。图表中的X轴标记了一周的天数。

忙碌的日子

星期一和星期四是喂食台比较热闹的两天。

折线图

要制作折线图，我们需要用点来标记每条数据，然后用直线连接这些点。显然，这种类型的图表能够让数据随时间的变化变得一目了然。

详细的数据

在这一周的某一天，猛犸收集了更详细的数据，准确记录了每只鸟到访喂食台的时间。

变化的线

这条线显示了访客数量在一天中的变化。

冷清的下午

下午的鸟类访客明显少于上午的。

维恩图

如果需要统计很多属于不同组的物品，维恩图可能是一个非常方便的选择。通过将具有相似特征的事物分组（称为集合）整理为重叠的圆，维恩图可以展示同一组中相似的成员，以及不同的成员。

象鼩运动爱好者集合

数学的集合表示一组有共同点的事物或数字。无论爱好踢足球、打冰球还是浮潜，这些象鼩中的每位成员都可以找到自己的集合。那些喜欢一项以上运动的成员可以在多个集合占据一席之地。有些成员甚至属于3个集合！为了清晰地展示数据，避免混乱，猛犸使用了维恩图。

做好准备！

猛犸吹响了哨子，象鼩们争先恐后地出发了，开始根据自己喜欢的运动项目分组。喜欢所有运动项目的象鼩冲到了维恩图中间3个圆圈重合的位置。

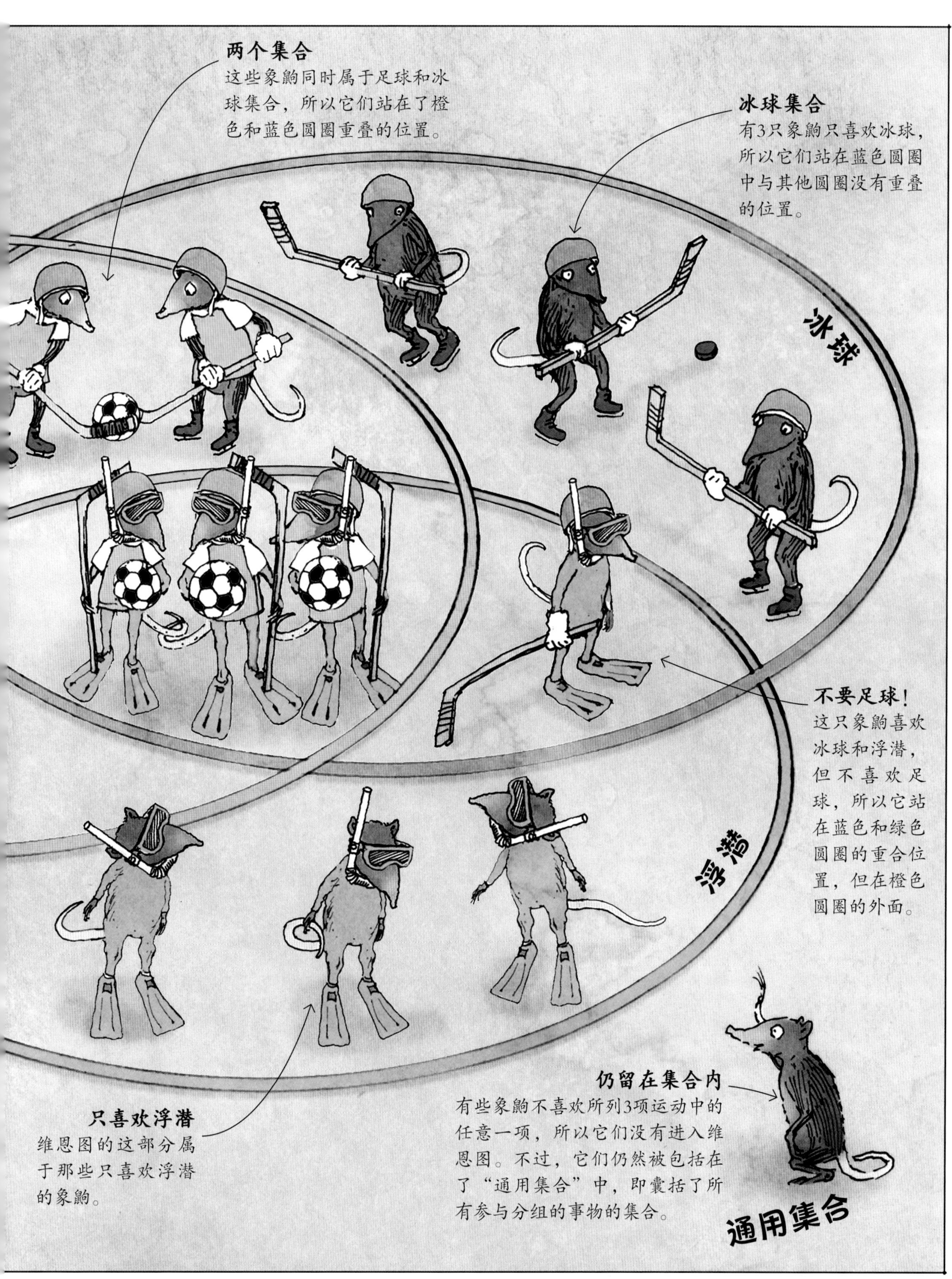

两个集合
这些象鼩同时属于足球和冰球集合，所以它们站在了橙色和蓝色圆圈重叠的位置。
冰球集合
有3只象鼩只喜欢冰球，所以它们站在蓝色圆圈中与其他圆圈没有重叠的位置。
冰球
不要足球！
这只象鼩喜欢冰球和浮潜，但不喜欢足球，所以它站在蓝色和绿色圆圈的重合位置，但在橙色圆圈的外面。
浮潜
只喜欢浮潜
维恩图的这部分属于那些只喜欢浮潜的象鼩。
仍留在集合内
有些象鼩不喜欢所列3项运动中的任意一项，所以它们没有进入维恩图。不过，它们仍然被包括在了“通用集合”中，即囊括了所有参与分组的事物的集合。
通用集合

平均值

平均值是一种中间值，能够帮助我们总结一个集合中的数据，属于一种借助典型值代表整组的方法。平均值包括3种不同的类型：算术平均值、中位值和众值。

只是典型的一天

这群猛犸的身高各不相同。象鼩挨个测量了所有猛犸的身高，然后整理数据并计算算术平均值、众值和中位值。象鼩用竹竿来标记不同类型的平均值。

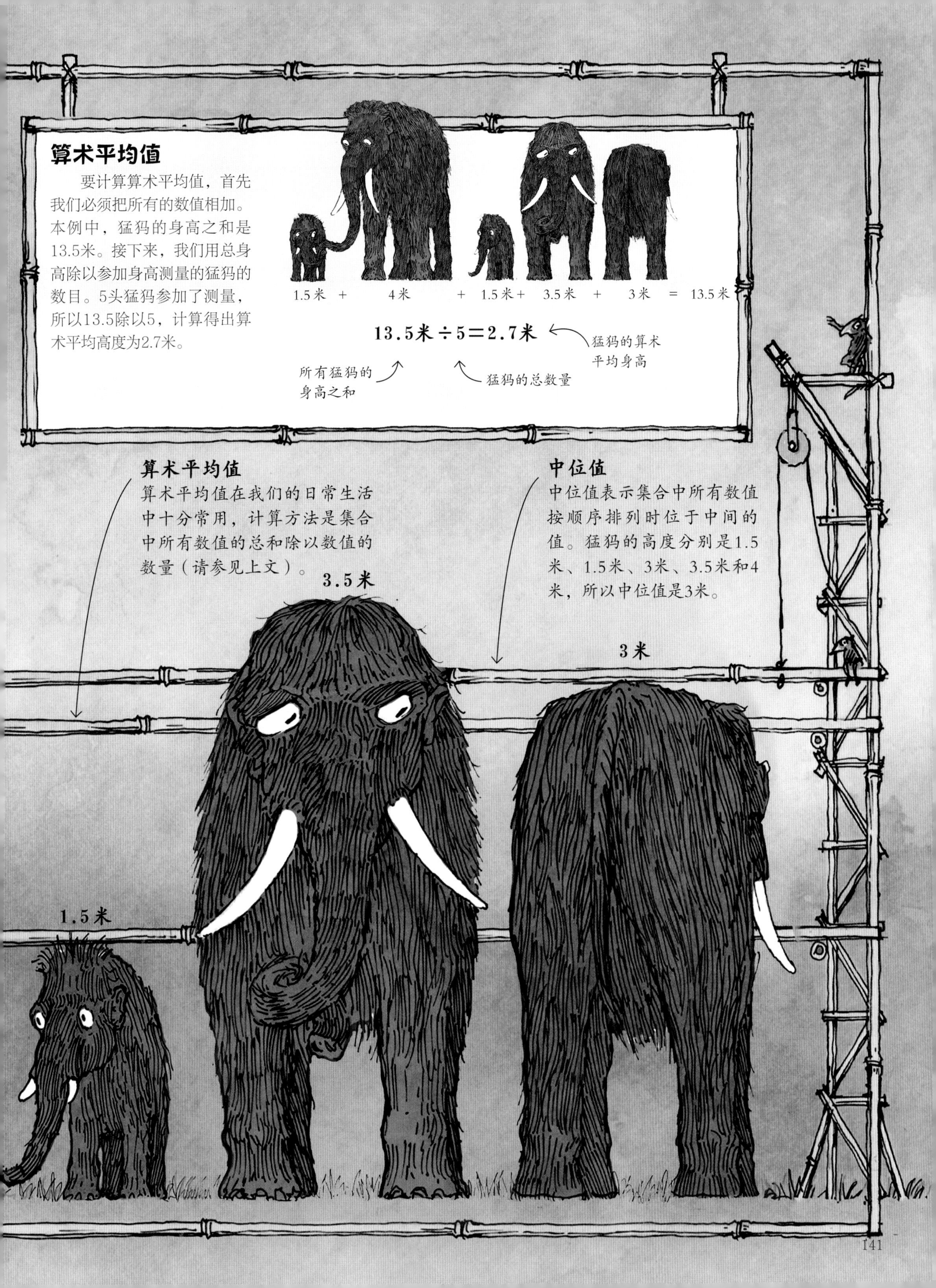

算术平均值
要计算算术平均值，首先我们必须把所有的数值相加。本例中，猛犸的身高之和是13.5米。接下来，我们用总身高除以参加身高测量的猛犸的数目。5头猛犸参加了测量，所以13.5除以5，计算得出算术平均高度为2.7米。
1.5米 + 4米 + 1.5米 + 3.5米 + 3米 = 13.5米
13.5米÷5=2.7米
猛犸的算术平均身高
所有猛犸的身高之和
猛犸的总数量
算术平均值
算术平均值在我们的日常生活中十分常用，计算方法是集合中所有数值的总和除以数值的数量（请参见上文）。
中位值
中位值表示集合中所有数值按顺序排列时位于中间的值。猛犸的高度分别是1.5米、1.5米、3米、3.5米和4米，所以中位值是3米。
3.5米
3米
1.5米

概率

某件事情发生的可能性称为概率。概率较高的事件发生的可能性更高，概率较低的事件则意味着不太可能发生。我们经常用分数描述概率。例如，硬币通常有两面——正面和反面。将一枚硬币抛到空中，硬币落地后正面朝上的概率是$\frac{1}{2}$，或一半。

这个概率有多大呢？

站在一个由滑道和梯子组成的巨大结构前，猛犸们展开了运气对决。猛犸轮流掷骰子，以确定象鼩伙伴在“棋盘”上移动的步数。骰子有6个面，每个面标注着代表1到6其中一个数字的符号，所以，每次投掷猛犸都会得到一个数字，而且得到1到6中任意数字的概率都是$\frac{1}{6}$。轮到象牙涂成紫色的猛犸掷骰子了。

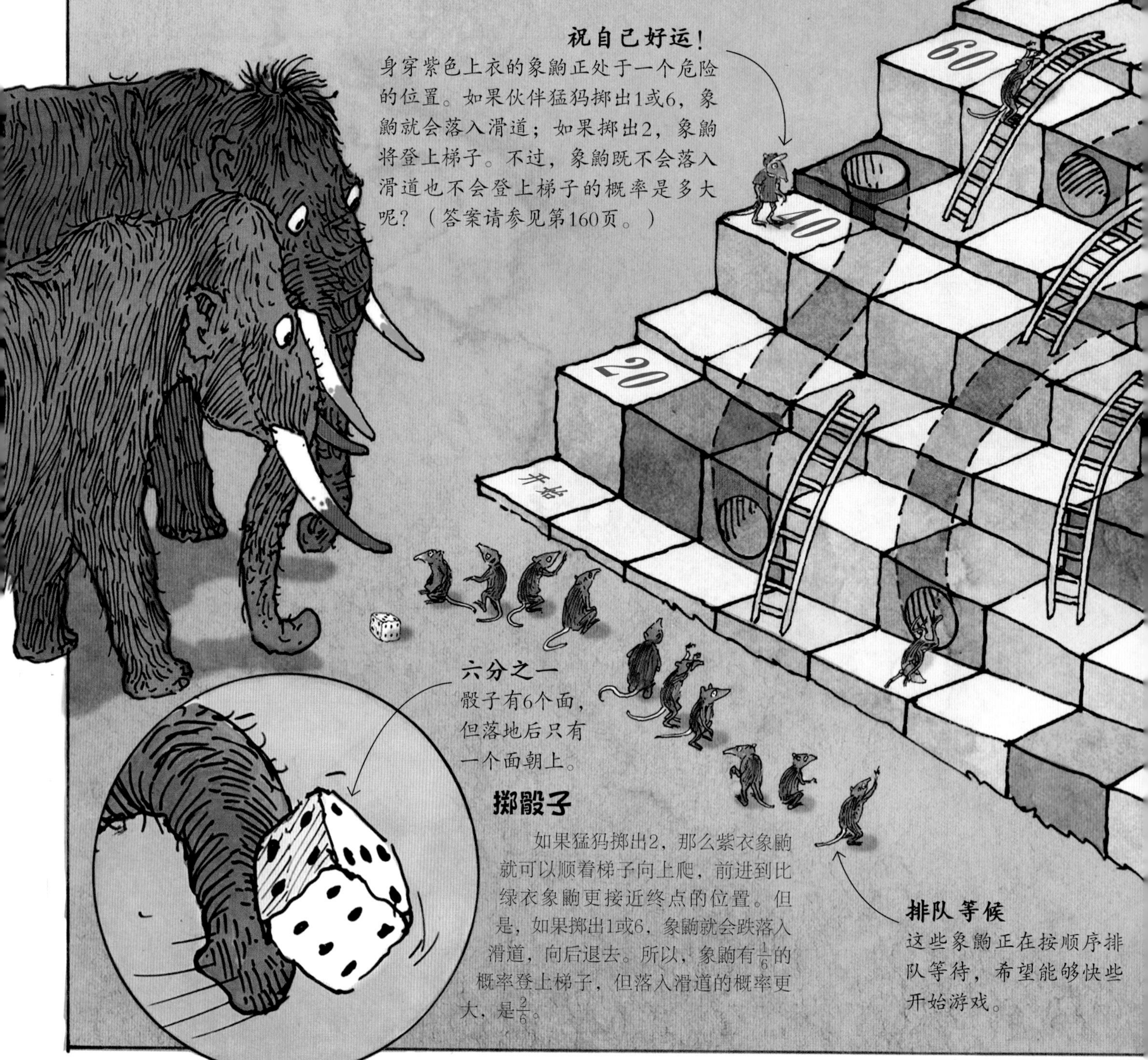

掷骰子

如果猛犸掷出2，那么紫衣象鼩就可以顺着梯子向上爬，前进到比绿衣象鼩更接近终点的位置。但是，如果掷出1或6，象鼩就会跌落入滑道，向后退去。所以，象鼩有$\frac{1}{6}$的概率登上梯子，但落入滑道的概率更大，是$\frac{2}{6}$。

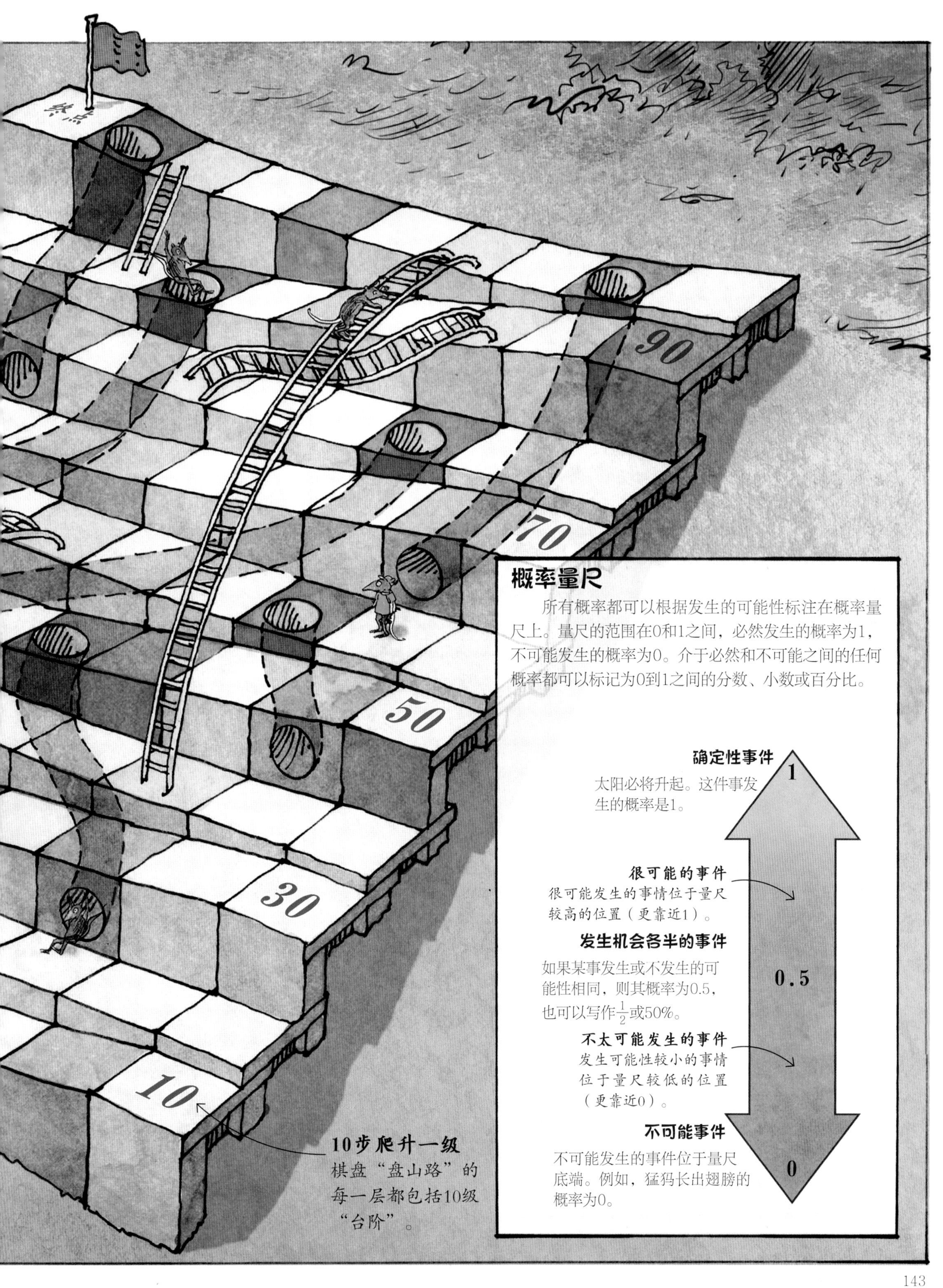
终点
90
70
50
30
10
10步爬升一级
棋盘"盘山路"的每一层都包括10级"台阶"。
概率量尺
所有概率都可以根据发生的可能性标注在概率量尺上。量尺的范围在0和1之间，必然发生的概率为1，不可能发生的概率为0。介于必然和不可能之间的任何概率都可以标记为0到1之间的分数、小数或百分比。
确定性事件
太阳必将升起。这件事发生的概率是1。
1
很可能的事件
很可能发生的事情位于量尺较高的位置（更靠近1）。
发生机会各半的事件
如果某事发生或不发生的可能性相同，则其概率为0.5，也可以写作$\frac{1}{2}$或50%。
0.5
不太可能发生的事件
发生可能性较小的事情位于量尺较低的位置（更靠近0）。
不可能事件
不可能发生的事件位于量尺底端。例如，猛犸长出翅膀的概率为0。
0

参考资料

乘法

乘法网格

借助类似右图所示的乘法网格可以帮助我们快速查询和记忆乘法计算的答案。下一页的乘法表也有类似的作用。

第一因子
沿网格的顶部找到第一个因子——6。

X	1	2	3	4	5	6	7	8	9	10	11	12
1	1	2	3	4	5	6	7	8	9	10	11	12
2	2	4	6	8	10	12	14	16	18	20	22	24
3	3	6	9	12	15	18	21	24	27	30	33	36
4	4	8	12	16	20	24	28	32	36	40	44	48
5	5	10	15	20	25	30	35	40	45	50	55	60
6	6	12	18	24	30	36	42	48	54	60	66	72
7	7	14	21	28	35	42	49	56	63	70	77	84
8	8	16	24	32	40	48	56	64	72	80	88	96
9	9	18	27	36	45	54	63	72	81	90	99	108
10	10	20	30	40	50	60	70	80	90	100	110	120
11	11	22	33	44	55	66	77	88	99	110	121	132
12	12	24	36	48	60	72	84	96	108	120	132	144

$6 \times 9 = 54$

第二因子
现在找出第二个因子9——位于网格的下半部分。

交汇点
答案是54——两个因子交汇方格中的数字就是乘积。

平方网格

乘法网格还展示了12以内的平方数。平方数在网格中形成了一条对角线。

X	1	2	3	4	5	6	7	8	9	10	11	12
1	1	2	3	4	5	6	7	8	9	10	11	12
2	2	4	6	8	10	12	14	16	18	20	22	24
3	3	6	9	12	15	18	21	24	27	30	33	36
4	4	8	12	16	20	24	28	32	36	40	44	48
5	5	10	15	20	25	30	35	40	45	50	55	60
6	6	12	18	24	30	36	42	48	54	60	66	72
7	7	14	21	28	35	42	49	56	63	70	77	84
8	8	16	24	32	40	48	56	64	72	80	88	96
9	9	18	27	36	45	54	63	72	81	90	99	108
10	10	20	30	40	50	60	70	80	90	100	110	120
11	11	22	33	44	55	66	77	88	99	110	121	132
12	12	24	36	48	60	72	84	96	108	120	132	144

$9 \times 9 = 81$
两个因子9在网格的相遇点是81——9的平方数。

乘法表

1的乘法表

1 × 1 = 1
1 × 2 = 2
1 × 3 = 3
1 × 4 = 4
1 × 5 = 5
1 × 6 = 6
1 × 7 = 7
1 × 8 = 8
1 × 9 = 9
1 × 10 = 10
1 × 11 = 11
1 × 12 = 12

2的乘法表

2 × 1 = 2
2 × 2 = 4
2 × 3 = 6
2 × 4 = 8
2 × 5 = 10
2 × 6 = 12
2 × 7 = 14
2 × 8 = 16
2 × 9 = 18
2 × 10 = 20
2 × 11 = 22
2 × 12 = 24

3的乘法表

3 × 1 = 3
3 × 2 = 6
3 × 3 = 9
3 × 4 = 12
3 × 5 = 15
3 × 6 = 18
3 × 7 = 21
3 × 8 = 24
3 × 9 = 27
3 × 10 = 30
3 × 11 = 33
3 × 12 = 36

4的乘法表

4 × 1 = 4
4 × 2 = 8
4 × 3 = 12
4 × 4 = 16
4 × 5 = 20
4 × 6 = 24
4 × 7 = 28
4 × 8 = 32
4 × 9 = 36
4 × 10 = 40
4 × 11 = 44
4 × 12 = 48

5的乘法表

5 × 1 = 5
5 × 2 = 10
5 × 3 = 15
5 × 4 = 20
5 × 5 = 25
5 × 6 = 30
5 × 7 = 35
5 × 8 = 40
5 × 9 = 45
5 × 10 = 50
5 × 11 = 55
5 × 12 = 60

6的乘法表

6 × 1 = 6
6 × 2 = 12
6 × 3 = 18
6 × 4 = 24
6 × 5 = 30
6 × 6 = 36
6 × 7 = 42
6 × 8 = 48
6 × 9 = 54
6 × 10 = 60
6 × 11 = 66
6 × 12 = 72

7的乘法表

7 × 1 = 7
7 × 2 = 14
7 × 3 = 21
7 × 4 = 28
7 × 5 = 35
7 × 6 = 42
7 × 7 = 49
7 × 8 = 56
7 × 9 = 63
7 × 10 = 70
7 × 11 = 77
7 × 12 = 84

8的乘法表

8 × 1 = 8
8 × 2 = 16
8 × 3 = 24
8 × 4 = 32
8 × 5 = 40
8 × 6 = 48
8 × 7 = 56
8 × 8 = 64
8 × 9 = 72
8 × 10 = 80
8 × 11 = 88
8 × 12 = 96

9的乘法表

9 × 1 = 9
9 × 2 = 18
9 × 3 = 27
9 × 4 = 36
9 × 5 = 45
9 × 6 = 54
9 × 7 = 63
9 × 8 = 72
9 × 9 = 81
9 × 10 = 90
9 × 11 = 99
9 × 12 = 108

10的乘法表

10 × 1 = 10
10 × 2 = 20
10 × 3 = 30
10 × 4 = 40
10 × 5 = 50
10 × 6 = 60
10 × 7 = 70
10 × 8 = 80
10 × 9 = 90
10 × 10 = 100
10 × 11 = 110
10 × 12 = 120

11的乘法表

11 × 1 = 11
11 × 2 = 22
11 × 3 = 33
11 × 4 = 44
11 × 5 = 55
11 × 6 = 66
11 × 7 = 77
11 × 8 = 88
11 × 9 = 99
11 × 10 = 110
11 × 11 = 121
11 × 12 = 132

12的乘法表

12 × 1 = 12
12 × 2 = 24
12 × 3 = 36
12 × 4 = 48
12 × 5 = 60
12 × 6 = 72
12 × 7 = 84
12 × 8 = 96
12 × 9 = 108
12 × 10 = 120
12 × 11 = 132
12 × 12 = 144

分数

分数墙

分数墙展示了等值分数——虽然数不同但值相等的分数。例如，$\frac{1}{2}$、$\frac{2}{4}$和$\frac{4}{8}$属于等值分数。

1个整体

$\frac{1}{2}$	$\frac{1}{2}$

$\frac{1}{3}$	$\frac{1}{3}$	$\frac{1}{3}$

$\frac{1}{4}$	$\frac{1}{4}$	$\frac{1}{4}$	$\frac{1}{4}$

$\frac{1}{5}$	$\frac{1}{5}$	$\frac{1}{5}$	$\frac{1}{5}$	$\frac{1}{5}$

$\frac{1}{6}$	$\frac{1}{6}$	$\frac{1}{6}$	$\frac{1}{6}$	$\frac{1}{6}$	$\frac{1}{6}$

$\frac{1}{8}$	$\frac{1}{8}$	$\frac{1}{8}$	$\frac{1}{8}$	$\frac{1}{8}$	$\frac{1}{8}$	$\frac{1}{8}$	$\frac{1}{8}$

$\frac{1}{10}$	$\frac{1}{10}$	$\frac{1}{10}$	$\frac{1}{10}$	$\frac{1}{10}$	$\frac{1}{10}$	$\frac{1}{10}$	$\frac{1}{10}$	$\frac{1}{10}$	$\frac{1}{10}$

$\frac{1}{12}$	$\frac{1}{12}$	$\frac{1}{12}$	$\frac{1}{12}$	$\frac{1}{12}$	$\frac{1}{12}$	$\frac{1}{12}$	$\frac{1}{12}$	$\frac{1}{12}$	$\frac{1}{12}$	$\frac{1}{12}$	$\frac{1}{12}$

分数、小数和百分数

同一个分数具有不同的表示或记录方式，下表列出了部分最常用的分数以及不同的表现形式。

整体的一部分	群体的一部分	分数的文字表述	分数的数字表述	小数	百分数
		十分之一	$\frac{1}{10}$	0.1	10%
		八分之一	$\frac{1}{8}$	0.125	12.5%
		五分之一	$\frac{1}{5}$	0.2	20%
		四分之一	$\frac{1}{4}$	0.25	25%
		十分之三	$\frac{3}{10}$	0.3	30%
		三分之一	$\frac{1}{3}$	0.33…	33.33…%
		五分之二	$\frac{2}{5}$	0.4	40%
		二分之一	$\frac{1}{2}$	0.5	50%
		五分之三	$\frac{3}{5}$	0.6	60%
		四分之三	$\frac{3}{4}$	0.75	75%

几何

平面形状

这些多边形根据拥有的边数和角数命名。

等边三角形

直角三角形

等腰三角形

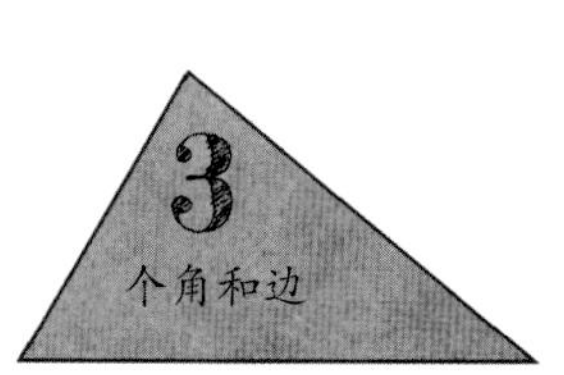

不等边三角形

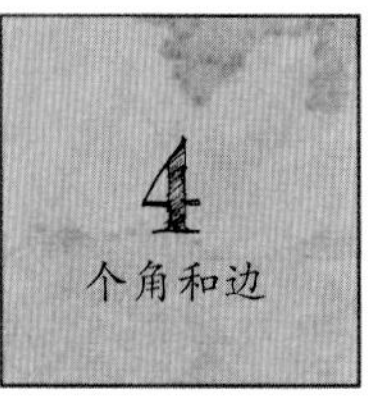

正方形

长方形

五边形

六边形

七边形

八边形

九边形

十边形

十二边形

二十边形

立体形状

立体形状可以是任意形状或大小。下面列举了一些在数学中最常见的形状。

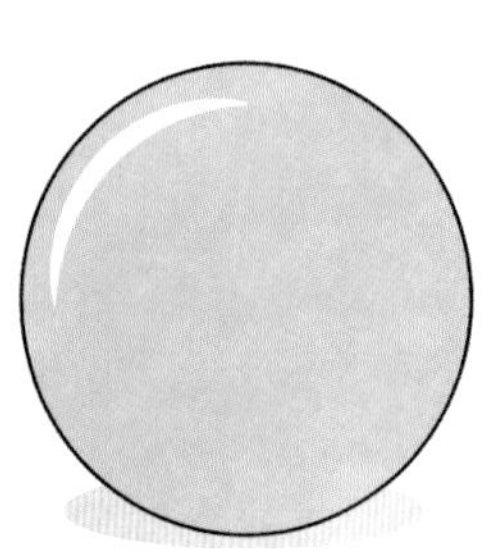
球体

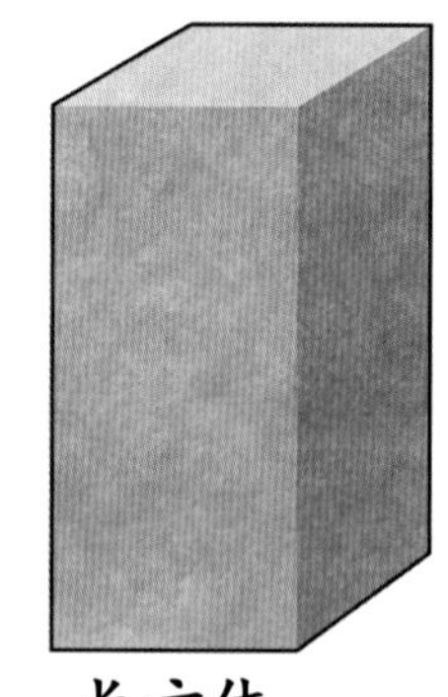
长方体

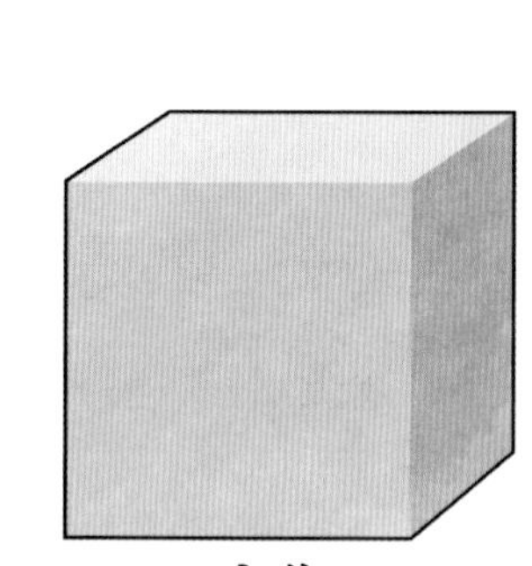
立方体

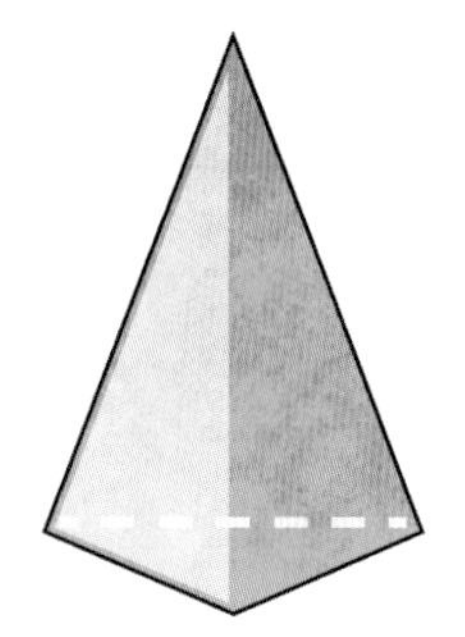
底面为三角形的棱锥

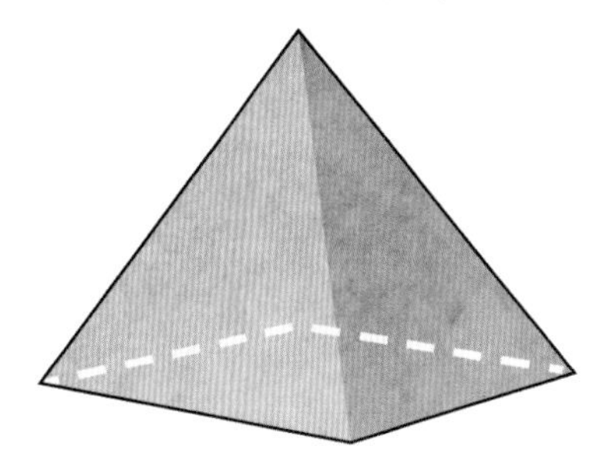
底面为正方形的棱锥

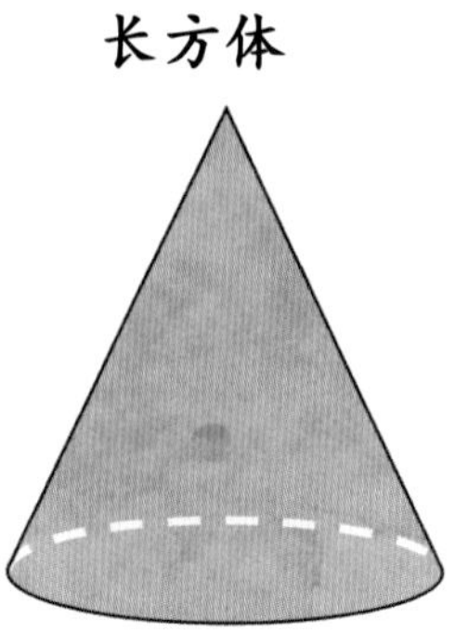
圆锥

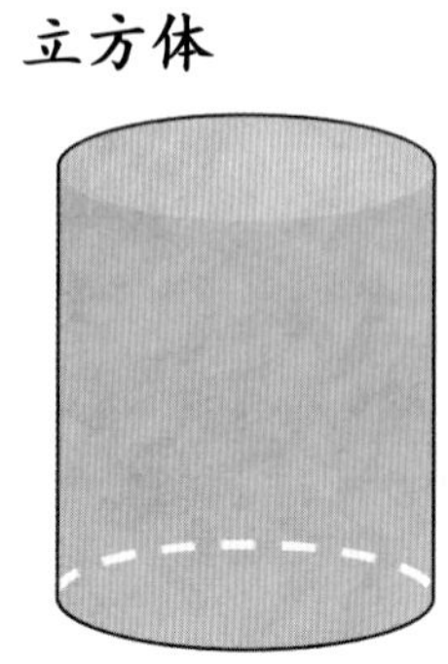
圆柱

圆的构成

圆包括很多其他形状没有的要素，下图列出了一些最常见的要素。

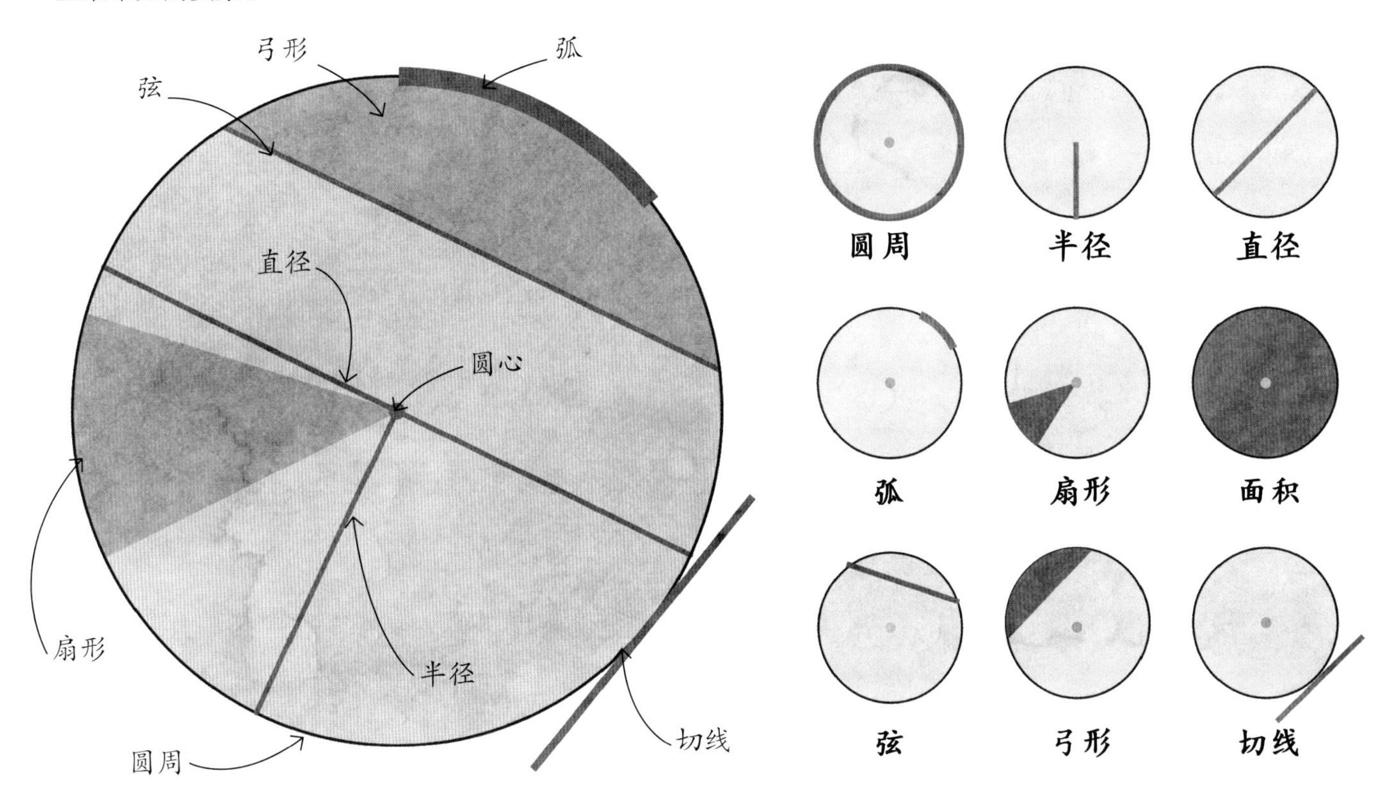

角

角的名称与角度的大小相关，角常见的分类包括以下5种。

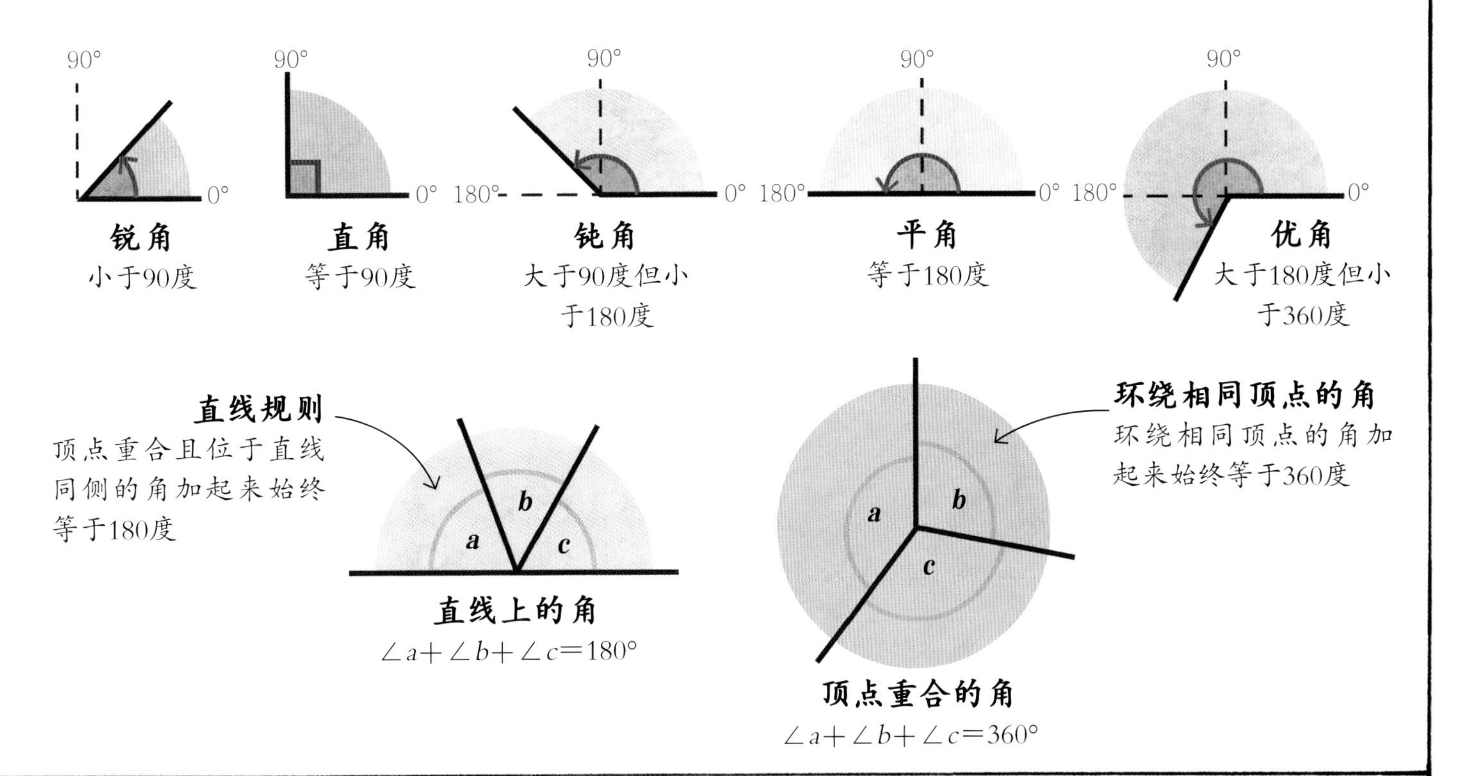

计量单位

计量单位

使用标准计量单位可以帮助我们准确快速地比较事物。目前全球有两种通用的计量体系：公制和英制。

长度

公制单位

10毫米（mm）=1厘米（cm）

100厘米（cm）=1米（m）

1 000毫米（mm）=1米（m）

1 000米（m）=1千米（km）

英制单位

12英寸（in）=1英尺（ft）

3英尺（ft）=1码（yd）

1 760码（yd）=1英里（mile）

5 280英尺（ft）=1英里（mile）

8弗隆（furlong）=1英里（mile）

面积

公制单位

100平方毫米（mm^2）=1平方厘米（cm^2）

10 000平方厘米（cm^2）=1平方米（m^2）

10 000平方米（m^2）=1公顷（ha）

100公顷（ha）=1平方千米（km^2）

1平方千米（km^2）=1 000 000平方米（m^2）

英制单位

144平方英寸（sq in）=1平方英尺（sq ft）

9平方英尺（sq ft）=1平方码（sq yd）

1 296平方英寸（sq in）=1平方码（sq yd）

43 560平方英尺（sq ft）=1英亩（acre）

640英亩（acre）=1平方英里（sq mile）

质量

公制单位

1 000毫克（mg）=1克（g）

1 000克（g）=1千克（kg）

1 000千克（kg）=1公吨（t）

英制单位

16盎司（oz）=1磅（lb）

14磅（lb）=1英石（st）

112磅（lb）=1英担（cwt）

20英担（cwt）=1英吨（ton）

时间

公制单位和英制单位

60秒=1分钟

60分钟=1小时

24小时=1天

7天=1周

52周=1年

1年=12个月

温度

		华氏温标	摄氏温标	开氏温标
水的沸点	=	212°	100°	373
水的冰点	=	32°	0°	273
绝对零度	=	−459°	−273°	0

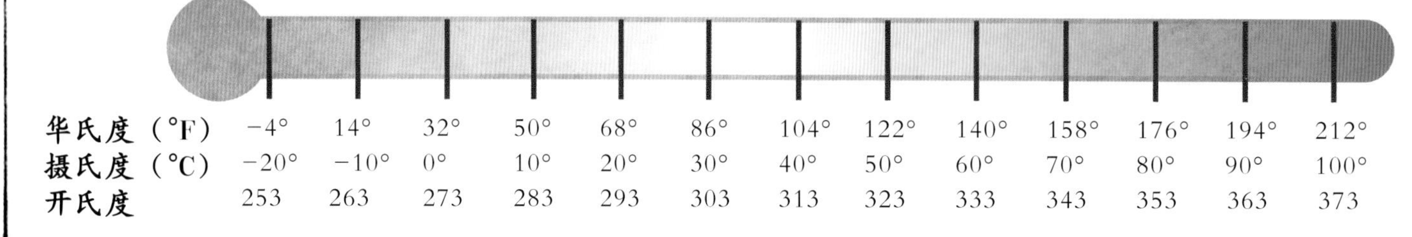

华氏度（°F）	−4°	14°	32°	50°	68°	86°	104°	122°	140°	158°	176°	194°	212°
摄氏度（°C）	−20°	−10°	0°	10°	20°	30°	40°	50°	60°	70°	80°	90°	100°
开氏度	253	263	273	283	293	303	313	323	333	343	353	363	373

换算表

下方表格列出了部分常见公制单位和英制单位的换算比例。

长度

公制单位		英制单位
1毫米（mm）	=	0.0393 7英寸（in）
1厘米（cm）	=	0.393 7英寸（in）
1米（m）	=	1.093 6码（yd）
1千米（km）	=	0.621 4英里（mile）
英制单位		**公制单位**
1英寸（in）	=	2.54厘米（cm）
1英尺（ft）	=	0.304 8米（m）
1码（yd）	=	0.914 4米（m）
1英里（mile）	=	1.609 3千米（km）
1海里（nautical mile）	=	1.853千米（km）

面积

公制单位		英制单位
1平方厘米（cm^2）	=	0.155平方英寸（sq in）
1平方米（m^2）	=	1.196平方码（sq yd）
1公顷（ha）	=	2.471 1英亩（acre）
1平方千米（km^2）	=	0.386 1平方英里（sq mile）
英制单位		**公制单位**
1平方英寸（sq in）	=	6.451 6平方厘米（cm^2）
1平方英尺（sq ft）	=	0.092 9平方米（m^2）
1平方码（sq yd）	=	0.836 1平方米（m^2）
1英亩（acre）	=	0.404 7公顷（ha）
1平方英里（sq mile）	=	2.59平方千米（km^2）

质量

公制单位		英制单位
1毫克（mg）	=	0.015 4格令（grain）
1克（g）	=	0.035 3盎司（oz）
1千克（kg）	=	2.204 6磅（lb）
1吨/公吨（t）	=	0.984 2英吨（ton）
公制单位		**英制单位**
1盎司（oz）	=	28.35克（g）
1磅（lb）	=	0.453 6千克（kg）
1英石（st）	=	6.350 3千克（kg）
1英担（cwt）	=	50.80 2千克（kg）
1英吨（ton）	=	1.016吨/公吨（t）

标志和符号

数学中经常使用符号来表示不同的运算或值，下方列出了一些最常见的数学符号及读法。

符号	读法
=	等于
<	小于
>	大于
≈	约等于
+	加，正
−	减，负
×	乘，倍
÷	除以
√	平方根
%	百分号
π	圆周率
∞	无限

术语表

X轴
我们用来测量地图、网格或图表中特定点位置的水平线。

Y轴
我们用来测量地图、网格或图标中特定点位置的垂直线。

阿拉伯数字
使用数字0到9的现行计数系统的名称，是印度人在2 000多年前的发明。

半径
从圆心到圆周任意点的线段，同一个圆的所有半径都相等。

倍数
两个数字相乘后得到的数字，例如8是4的倍数，也是2的倍数。

比例
一种比较两个数字或数值的方式，写成两个数字，用比号（：）分开。

（部分与整体的）比例
用分数比较部分与整体的一种方法，例如数字1的大小只有数字4的$\frac{1}{4}$。

毕达哥拉斯
一位伟大的古希腊思想家。除了提出三角形定理（勾股定理）之外，他还是最早通过计算确定地球是球体的人之一。

变换
改变一个形状或物体大小或位置的行为。变换分为3种类型，分别为镜射、旋转和平移。

变量
未知的数字或数值。代数中的变量通常表示为字母或符号。

饼状图
以扇形切片展示数据的圆形图，看起来类似分切的大饼。

垂直
一条线与另一条线相交的角度为直角时，我们称两条线相互垂直。

单分数
分子为1的分数，例如$\frac{1}{5}$。

单位
用于测量事物的标准尺寸，例如米是长度单位，克是质量单位。

代数
使用字母等符号代表未知数进行计算的方法。

等式
表示某物等于另一物的陈述。例如：$6+2=10-2$。

顶点
平面或立体形状的角。

度
度是用于测量角大小的单位，用符号表示为：°。

对称轴
穿过平面形状可以像镜子一样等分形状的轴。

范围
一个数据集内从最低到最高的数值分布。

非单分数
分子大于1的分数，例如$\frac{4}{5}$。

斐波那契
莱昂纳多·斐波纳契将现在通用的印度-阿拉伯计数系统率先引入了欧洲，并提出了以自己名字命名的著名数列。

分母
分数中分界线下方的数字，例如$\frac{1}{2}$中的2。

分数
某个整数或数值的一部分。同一个分数可以有多种的写法，例如$\frac{1}{2}$等于50%和0.5。

分子
分数中分界线上方的数字，例如$\frac{1}{2}$中的1。

负数
小于零的数字，例如-2（负2）。负数也包括小数。

概率
衡量某事件发生的可能性大小的概念。

公式
描述事物之间联系的规则，通常用符号而非数字表述。

公制计量体系
一种用于测量事物长度或质量等数据的计量体系，这种十进制体系可以简化计算。

横截面
如果平行于某个端面切割一个棱柱，新的切面就是横截面。

弧
构成圆周的部分曲线。

华氏温标
以1714年发明水银温度计的科学家命名的3$\frac{1}{2}$种温标。

混合数
由一个整数和一个分数组成的数字，例如 。

集合
具有共同点的事物组成的集合，例如文字、数字或形状。

几何学
数学中专门研究形状、线条、角和空间的分支科学。

假分数
大于1的分数，即分子大于分母，例如$\frac{5}{2}$。

角
在顶点相交的两条线的旋转幅度，角的计量单位是度。

开氏温标
英国科学家开尔文勋爵发明的一种温标，他还解释了热量在物质中的移动方式。

立方数
3个相同数字相乘的积。27是一个立方数，因为$3\times3\times3=27$。

立体的（三维的，3D）
具有长度、宽度和深度的物体，球体或立方体等所有固态物体都是立体的。

量角器
一种帮助我们绘制或测量角的工具。

面积
面积是平面形状内部的空间，面积的计量单位是长度单位的平方，例如平方米。

帕斯卡
法国天才科学家布莱斯·帕斯卡在数学和科学领域都贡献了许多重要发现。1661年，他推出了全球最早的公共汽车服务。

平方数
两个相同数字相乘的积。25是一个平方数，因为5×5=25。

平均值
一组数字或数据的典型或中间值。平均值包括3种类型：算术平均值、中位值和众值。

平面的（二维的，2D）
有长度和宽度或长度和高度，但没有厚度。所有多边形，包括三角形在内，都是平面形状。

商
用一个数字除以另一个数字后得到的结果。

十进制
使用数字0、1、2、3、4、5、6、7、8、9的全球通用满十进一计数系统。

数据
我们收集的用于特定分析的信息或事实，例如一组测量数据。

数轴
以均匀间隔标记了整数、分数或小数的直线。数轴可以用于计数和计算。

数字
我们用于书写数字的符号，现行十进制计数系统使用的10个数字分别为：0、1、2、3、4、5、6、7、8、9。

四舍五入
将一个数字转换为另一个数值相近但更容易处理的数字的方法。例如，2.1四舍五入后为2，或者1,950可以四舍五入为2,000。

算术平均值
通过将数据集的所有数值相加然后用总数除以项数得到的平均值。

体积
用于表示物体的立体尺寸，测量单位是长度单位的立方，例如立方米（m^3）。

通用集
最大的集合，包括采集的所有数据和子集。

网格
可以通过折叠制作立体事物的扁平形状。

网格线
水平线和垂直线纵横交错形成的大小相等的正方形网络。

位值系统
根据我们书写数字的方式，每位数字代表的值取决于它在特定数中的位置。例如，数字130中的3代表的值为30，但数字310中3的值为300。

相交
线条相遇或形状交叉的情形称为相交。

象鼩
一种类似啮齿动物的小型哺乳动物，以长嘴（或称吻）著称。

小数点
分隔整数和小数部分的点。以数字4.5为例，小数点是4与5中间的点。

序列
一组遵循特定规则的数字或形状。

旋转
绕一个固定点的移动，例如时钟指针的移动。

因子
可以整除另一个数字的一个数字。例如，3是9的一个因子。

英制计量体系
英国沿用的传统计量体系，包括英尺和英寸以及加仑和品脱等单位。不过，科学界和数学界现在已经普遍替换为公制体系。

有效数字
数字中可以影响其数值的数位。

约分/简化
把分数等事物变成最简形式的过程，以便更方便处理。例如，分数$\frac{6}{9}$可以约分为$\frac{2}{3}$。

运算
可以对一个数字进行的行为，例如加、减、乘或除。

真分数
分子小于分母的分数，例如$\frac{2}{3}$就是一个真分数。

阵列
事物或数字的一种排列方式，阵列具有相同数量的行和列。

整数
不是分数的数字，0、15和235都是整数。

正数
大于零的数字，例如25。正数同时包括分数和小数。

值
一个数字或物体的数量或大小。

中位值
一组数据从高到低排列后位于中间的值，称为中位平均值。

众值
一组数据中出现次数最多项，称为众数平均值。

周长
围成一个平面几何图形的所有边长的总和。

子集
属于一个较大集合的集合。

坐标
一个坐标包括一对数字，用于描述某个点在图形、网格或地图上的位置。

2 5 7
6
P

索引

答案

第53页

红色颜料占比为$\frac{3}{4}$。

第58页

按照规则，猛犸接下来晾晒的5件T恤衫的号码应该依次是12、14、16、18和20。

象鼩接下来悬挂的T恤衫应该带有数字2（规则是“下一项的号码是前一项减3”）。

第62页

猛犸需要25个蓝色方格才能完成平方数52的正方形。

第68页

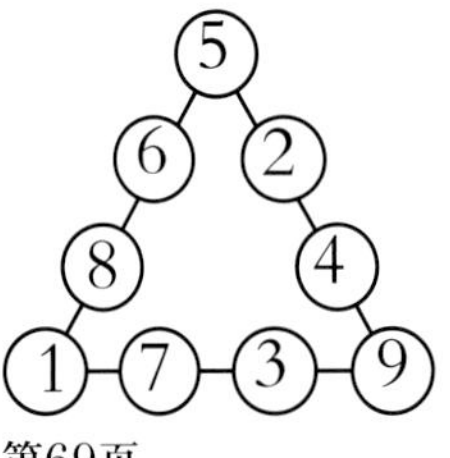

第69页

24	18	32	3	11	23
2	25	4	27	22	31
34	9	1	10	36	21
6	26	30	28	5	16
33	14	29	8	20	7
12	19	15	35	17	13

第70页

水平行的总数都是2的幂：$1 \times 2 = 2$、$2 \times 2 = 4$、$2 \times 4 = 8$、$2 \times 16 = 32$、$2 \times 32 = 64$。

第90页

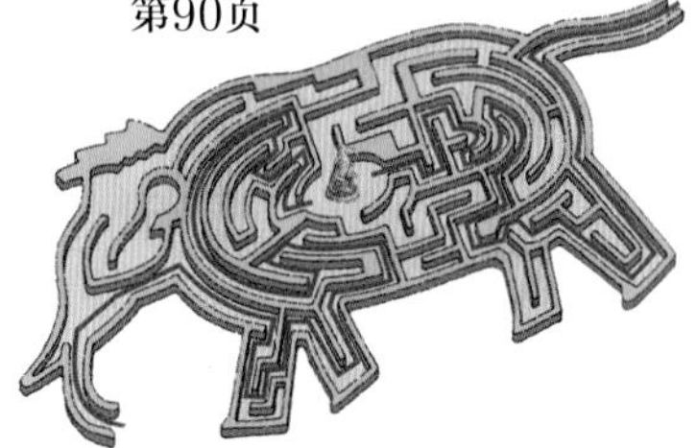

第109页

猛犸模型中有34个不规则立体形状。

第110页

立方体的11种平面展开图：

第142页

紫衣象鼩既不登上梯子也不落入滑道的概率是$\frac{3}{6}$，或者$\frac{1}{2}$。